Sven Nürnberger

Gärten naturalistisch gestalten

Harmonischer Übergang der Lebensbereiche Hochstaudenflur, südpazifisches Tussock und Gunnera-Hangmoor. Im Vordergrund blühen Pyrenäen-Eisenhut und Fuji-Distel (Steingarten im Palmengarten Frankfurt).

# WILD GARDEN

# INHALT

*Raoulia mammilaris* im Spannungsfeld zwischen Kultur- und Naturlandschaft.

Bild Seite 2: Mediterrane Pflanzengemeinschaft mit Schmalblättriger Ölweide (*Eleagnus angustifolia*) und Echter Feige (*Ficus carica*). Im Vordergrund verstärken die verblühten Doldenschirme des Berg-Laserkrautes (*Laserpitium siler*) die Leichtigkeit der Szenerie.

# WARUM „WILD GARDEN"?

Pflanzengesellschaften in ihrer natürlichen Umgebung, mit ihrer Vielfalt an Formen und Farben – ursprüngliche Landschaftsbilder berühren und inspirieren naturverbundene Menschen.

Das Schwinden von natürlichen Lebensräumen und Biodiversität weltweit, der Klimawandel und eine fortschreitende Urbanisierung und die damit verbundene Entfernung des Menschen von einer natürlichen Umgebung sind Entwicklungen, auf die es auch aus gärtnerischer Sicht offensiv zu reagieren gilt. Der Rückgang von Gartenflächen im Stadtgebiet, die zunehmenden Veränderungen der Standortbedingungen in Gärten und im öffentlichen Grün durch bauliche Maßnahmen und klimatische Veränderungen erfordern Lösungen.

Dieses Buch entstand aus der puren Freude und Faszination an den Prozessen in der Natur und der Dynamik interpretierter Lebensräume im Garten. Es soll zum Beobachten und Forschen anregen und die Freude an der Pflanzenwelt nachhaltig befeuern. Es soll helfen, Gartenpflanzen in ihrem natürlichen Ursprung, ihrer Lebensweise und ihrem charakteristischen Ausdruck als Individuen und Vegetationselemente zu verstehen. Es soll Möglichkeiten für eine naturnahe gestalterische Verwendung von Pflanzen aufzeigen, fern von Dogmen. Es soll die Beobachtung schärfen und dazu animieren, die Ästhetik und den Ursprung von Leben intensiver zu erleben und in den Garten einfließen zu lassen und nicht zuletzt dazu, unsere Umgebung durch Pflanzen lebenswerter zu gestalten.

Die Beobachtung der Natur schafft eine unerschöpfliche Grundlage für eine innovative und kreative Umsetzung im Gartenbild, ob analog zum Vegetationsbild, unkonventionell, verspielt oder dezent akzentuiert. Das, was wir von der Natur in den Garten übertragen, suchen wir in der Natur auch immer wieder auf. Der Wiedererkennungswert eines Landschaftsaspektes im Garten kann eine Verbindung schaffen, die unsere ursprüngliche Nähe zur Natur erneuert – eine Verbindung aus Leidenschaft, Erkenntnis, Entwicklung und Bewahrung, die dem bereits naturverbundenen Gartenmenschen wohlvertraut ist und ebenso Neugierige und Abenteuerlustige erreichen kann, die sich von Vielfalt und natürlichen Formen und Farben angezogen fühlen.

Im Fokus dieses Buches steht die Veranschaulichung der Lebensbedingungen von Pflanzen am Naturstandort und die gärtnerische Ableitung und Interpretation. Anhand von ausgewählten Vegetationsbeschreibungen wird der Leser an unterschiedliche Lebensbedingungen von Pflanzen herangeführt.

Das Eingangskapitel gibt einen Einblick in den Aufbau von Pflanzengemeinschaften, in ihre Lebensbedingungen und ihren ästhetischen Ausdruck. Diese Kernbetrachtungen dienen als Schlüssel für die optimale Gestaltung der Lebensbereiche unserer Gartenpflanzen.

Darauf aufbauend werden im mittleren Buchteil klimatisch verschiedene Regionen der Nord- und Südhalbkugel beschrieben. Die daraus gewonnenen Informationen für eine Umsetzung von Vegetationsaspekten im Garten werden an Beispielen naturalistischer Pflanzungen veranschaulicht.

Das letzte Kapitel behandelt die schrittweise Entwicklung naturalistisch geprägter Lebensbereiche und ihre Verschachtelung zu einem fließenden Gesamtbild.

Wie viel Naturnähe einen Garten prägen soll, welche Aspekte vom Naturstandort übertragen werden und welche Komponenten intensiviert, vermischt oder künstlerisch interpretiert werden, steht jedem frei. Die richtige Dosis ist bekanntlich entscheidend.

Gärten sind Versuchsfelder. Sie stehen für Entwicklung.
Wir kreieren, beobachten, lernen. Nichts steht wirklich still.

Sven Nürnberger

# STANDORTBEOBACHTUNG ALS INSPIRATION

Die emotionale Wirkung, die ein Landschaftsbild im Betrachter hervorruft, folgt gewissen Regeln, wenngleich die Einzelerfahrung davon abweichen kann. Diese Erfahrungen übertragen wir in unsere Gärten wie ein Maler eine Idee auf die Leinwand.

# DIE NATUR INTERPRETIEREN

Die Lebensbedingungen einer Pflanze in einem spezifischen Klima, einer bestimmten Gemeinschaft und Umgebung wahrzunehmen, ermöglicht ein intensiveres Verständnis für die Bedürfnisse von Gartenpflanzen. In der modernen naturnahen Pflanzenverwendung ist die Kenntnis der Wachstumsbedingungen einer Pflanze und ihres natürlichen Habitats sowie seiner Ökologie von großer Bedeutung für das Wohl der Pflanze. So können Sie wichtige Rückschlüsse aus der Standortbeobachtung ziehen und die in der Natur wirksamen Wachstumsfaktoren in die „künstliche" Umgebung mit einbeziehen.

Die Pflanzen sollen in einer ihrer Lebensweise entsprechenden Gemeinschaft bestehen und wirken – ob dauerhaft oder pionierhaft funktionell. Die Gesundheit und die natürlichen Wuchseigenschaften einer Pflanze werden durch die Optimierung der Anzucht- und Erhaltungsbedingungen gefördert, ob in Topfkultur oder in der Pflanzung.

Die Standortbeobachtung liefert Ihnen wertvolle visuelle Informationen für das gestalterische Konzept Ihres Gartens. Denn den Aufbau einer Pflanzengesellschaft – oder im größeren Maßstab eines Vegetations- oder Landschaftsaspektes – können Sie mit etwas Erfahrung wie einen Bauplan lesen und in seiner groben Zusammensetzung übertragen. Vegetationsbestimmende Elemente dienen als Grundlage für die gestalterische Gerüstbildung eines Themas.

Je mehr Informationen zum Standort vorliegen, umso mehr gestalterische und kulturtechnische Details und Verknüpfungen lassen sich in Abhängigkeit des gewünschten Pflegeaufwands in ein Pflanzbild übernehmen. Der analytischen Ableitung des Bauplans steht Ihre unmittelbare persönliche Erfahrung der Landschaft gegenüber. Bausteine wie Farbe, Kontur, Kontrast und Komposition verbinden sich in der Erfahrung von Klima, Jahreszeit und Topografie mit Ihren Sinnen und Gefühlen.

Naturinspirierte Einflüsse haben einen festen Platz in der Gartenwelt seit William Robinson im Jahre 1870 seiner Vision in Gravetye Manor mit dem Buch „The Wild Garden" einen Namen gab. Es war die Zeit atemberaubender Pflanzenexpeditionen nach Nordamerika, in den Himalaya und die südliche Hemisphäre. Viele neu entdeckte Pflanzenarten erreichten die Gärten Europas und die komplexen Lebensgemeinschaften ferner Regionen wurden erkundet und dokumentiert. In dieser Zeit kam es zu einem Bruch mit den formalen Gartenbildern der Viktorianischen Ära. Naturalistische Stilelemente und naturnahe Anlagen etablierten sich zunehmend unter dem Einfluss der *Arts and Crafts*-Bewegung und des *Cottage Garden*-Stils und stießen auf dem europäischen Festland und in Amerika auf reges Interesse.

Botanische Gärten entwickelten gemäß ihres Lehrauftrags geografisch geordnete Nachempfindungen von Pflanzengesellschaften analog zu den herkömmlichen Sammlungsbereichen. Der Taxonom und Pflanzengeograf Adolf Engler entwickelte in Berlin-Dahlem ein pflanzengeografisches Modell der gemäßigten Nordhemisphäre mit Wäldern, Steingärten, Steppen und Heiden auf einer Fläche von 13 Hektar. Pioniere wie das Ehepaar Renton im schottischen Perth zeigten im Branklyn Garden, wie die Standortbeschreibungen britischer Pflanzenjäger auf eine Gartensituation übertragen werden konnten. Informationen zu natürlichen Habitaten waren hierfür von großer Bedeutung, handelte es sich doch häufig um neu entdeckte Arten aus fernen, vormals unbekannten Regionen.

**Vorhergehende Seite: Die windbeherrschten Weiten der Patagonischen Steppe bieten unzählige Inspirationen für das betrachtende und erlebende Auge. Hier scheint die Vegetation selbst zu malen. Die schwarzen Blütenstände von *Hordeum comosum*, einer südamerikanischen Gerste, wirken wie feine Pinselhaare im kontrastreichen Strauchland.**

**Pflanzensoziologische Abteilungen botanischer Gärten versuchen anhand von Zeigerpflanzen, vegetationstypische Merkmale hervorzuheben. Die Lebensbereiche des Gartens wie Uferzonen von Fließgewässern, frische nährstoffreiche Böden in offenen Lagen und Gehölzränder werden nach dem pflanzengeografischen und ökologischen Vorbild angelegt (Botanischer Garten Frankfurt).**

## DIE LEBENSBEREICHE DER PFLANZEN

Die Ableitung der Standortbedingungen von Stauden auf entsprechende Gartensituationen fassten Hansen und Stahl in dem Buch „Die Stauden und ihre Lebensbereiche" zusammen. Sie nimmt im Rahmen von Standortempfehlungen auch Bezug zur Spanne (Amplitude), in der sich eine Pflanze im Garten gut entwickelt, und beschreibt somit ihre Funktionalität. In Kombination mit dem von Sieber entwickelten Kennzeichenschlüssel-System lassen sich Staudenarten gezielt Gartensituationen zuordnen, was die Recherche für den Pflanzenverwender sehr erleichtert. Es sind Systeme, die keiner geografischen Einordnung bedürfen und die Möglichkeit eröffnen, Stauden gleicher Ansprüche miteinander zu kombinieren (Seite 12). Die ökologische Standortamplitude und der ästhetische und funktionelle Gartenwert stehen bei dieser Betrachtung im Fokus. Sie ist so flexibel anwendbar, da sie sowohl Wildarten und Art-Selektionen als auch Hybriden einbezieht. Im Folgenden wird der Begriff *Mixed Garden* (in Anlehnung an *Mixed Border*) für diesen Ansatz verwendet.

Der Lebensbereich ohne geografische Bindung: Anhand einer Hochstauden-Pflanzung auf der Schatzalp bei Davos lässt sich das Konzept des *Mixed Garden* veranschaulichen. Der Standort liegt in heller, durchgehend sonniger Lage. Der Boden der Hanglage ist frisch bis feucht, schwach sauer, tiefgründig und nährstoffreich. Der Standort liegt auf ungefähr 1850 m Höhe und entspricht klimatisch der natürlichen Verbreitung subalpiner Hochstaudenfluren der Alpen und ebenso der Amplitude von Hochstauden unterschiedlicher Hochgebirge der Erde. Typische Zeigerpflanzen wurden gerüstbildend kombiniert: Rhabarber-Arten wie *Rheum alexandrae* und *R. tanguticum*, Stängelbildende Fackellilien (*Kniphofia caulescens*), Storchschnäbel, Ligularien und Astrantien. Die Ränder wurden mit Bergenien und Taglilien bepflanzt.

Auf einem gegenüberliegenden Beetstreifen wurde ein üppiges Astrantien-Sortiment mit weiteren Selektionen und Hybriden fülliger Hoch- und Wiesenstauden in Kombination gepflanzt. *Eryngium alpinum*-Auslesen und *Eryngium* × *zabelii*-Hybriden sowie Frauenmantel und wuchtige Flockenblumen fügen sich in den voluminösen Rahmen ein. Die kühle, lichtreiche Situation ist für Wildstauden und Hybriden prädestiniert, deren genetischer Ursprung in kühl-feuchten Gebirgslagen liegt.

## EINBLICKE IN DIE PFLANZENSOZIOLOGIE

Die Pflanzensoziologie als Disziplin der Geobotanik (systematische Gliederung und Beschreibung von Vegetationseinheiten) beschreibt Vegetationstypen und ihre Pflanzengesellschaften anhand von Zeigerarten, die an spezifische Standorte angepasst auftreten. Innerhalb einer Pflanzengesellschaft stehen bestimmte Zeigerpflanzen mit anderen Arten in einem gemeinschaftlichen ökologischen Verband. Zeigerarten können dominant und gerüstbildend auftreten und ökologisch wie auch visuell ein Vegetationsbild prägen. Ebenso können sie aufgrund spezieller Anpassungen eine Pflanzengesellschaft auch unauffällig kennzeichnen, wie zum Beispiel Sonnentau in Hochmooren.

Die Existenz und der spezifische Aufbau einer Pflanzengesellschaft werden von vielen unterschiedlichen Einflüssen bestimmt. Klimatische Gegebenheiten wie Kälte, Wärme, jahreszeitlich geprägte Niederschlagszyklen und -mengen oder kurze Vegetationsphasen begrenzen die Verbreitungsmöglichkeiten. Die Topografie und Geologie einer Landschaft, zum Beispiel eine niederschlagszugewandte Gebirgsflanke eines Vulkangebietes, die physikalischen und chemischen Eigenschaften des Bodens, Bodenleben, Erosion, Wasserführung und Herbivorie (Fraßfeinde) und die Verbreitungsökologie von Arten führen zu weiterer Ausdifferenzierung und können sowohl limitierende Stressfaktoren darstellen und bestimmte Arten ausschließen als auch Pflanzengemeinschaften fördern, die solchen Umweltbedingungen standhalten oder sogar davon profitieren. Pflanzengemeinschaften können Zeigergesellschaften für eine ökologische Nische sein oder großräumig angepasst auftreten (z. B. durch Stressfaktoren) und dadurch ein Landschaftsbild bestimmen.

Steppengebiete zum Beispiel sind von Gräsern und weiteren trockenresistenten Stauden und von niedrigen Strauchgesellschaften geprägt. Solche baumlosen Gesellschaften können durch eine für Großgehölze ungünstige Niederschlagsverteilung entstehen. Regelmäßige Flächenbrände während Trockenzeiten, permanenter Windeintrag und natürliche oder agrarwirtschaftliche Beweidung können die Bildung dieses Vegetationstyps noch verstärken. In subalpinen, alpinen und borealen Regionen können auch Kälte, kurze Vegetationszyklen, fehlender Bodenhorizont, Wassermangel oder -überschuss (Moorbildung) sowie Herbivorie zur Bildung baumfreier Gesellschaften führen.

Vegetationskunde wird umso verständlicher und anschaulicher, wenn man die Vegetation vor Ort kennenlernt. Denn zu den wichtigen Faktoren, die Sie sich auch theoretisch aneignen können, kommt Ihre persönliche Wahrnehmung und Erfahrung. Regionstypische heftige Wetterwechsel in Minutenabständen zu erleben, freigewaschene Wurzelsysteme mitsamt des anstehenden Bodenprofils zu entdecken oder die Wiederbesiedelung (Sukzession) einer Landschaft nach einem Vulkanausbruch zu verfolgen, ergänzen das angelesene Wissen. Ihr Auge wird geschult und Sie beginnen, die sichtbaren Leitpflanzen einer Vegetation wahrzunehmen und Habitate an ihrem topografischen, hydrologischen und geologischen Bild zu erkennen. Anhand typischer Kriterien lassen sich Pflanzenarten und -gesellschaften oft schon aus der Ferne bestimmen. Die Beurteilung der Umgebung lässt auf ganz bestimmte Arten schließen. Zudem können Sie am Naturstandort gezielt Ausschau nach attraktiven Pflanzen und natürlichen Kombinationen halten, die Ihren Garten attraktiv machen.

## ABLEITUNG VOM NATURSTANDORT

Je mehr Sie eine Pflanze verstehen lernen, umso gezielter können Sie mit ihr arbeiten. Mit jedem Gang in die Natur können Sie den ursprünglichen Lebensbereich auch von Gartenpflanzen besser nachvollziehen und die Fülle möglicher Gartensituationen im natürlichen Habitat studieren, um daraus Inspirationen für künftige Gestaltungsideen zu gewinnen. Eine kulturtechnische Interpretation von der natürlichen Umgebung abzuleiten, kann zur nachhaltigen Optimierung der Gartenpflanzung führen.

Oft hat man aber während einer Exkursion, Wanderung oder Reise nur eine Momentaufnahme des ganzen ökologischen Systems. Eine vorangehende oder nachfolgende Recherche anhand von Fachliteratur, Vorträgen und fachlichem Austausch liefert wichtige und wertvolle Ergänzungen. Je anspruchsvoller das Pflanzensortiment wird, umso wichtiger werden Details zur geografischen Herkunft, zur Bodenchemie, zu Klima und Vegetationsrhythmus.

Veranschaulichen lässt sich die Ableitung von natürlichen Standortbedingungen auf den Lebensbereich im Garten mit einem Beispiel aus der Kultur von Stauden hoch gelegener Gebirgswiesen. Viele Pflanzenarten stehen im Hochgebirge sonnenexponiert, leiden aber in der Flachlandkultur unter zu hohen Temperaturen. Um Stress und mögliche Verbrennungen zu verhindern, können Sie ihnen im Garten einen hellen, aber vor zu starker Einstrahlung geschützten Pflanzplatz einrichten. Ebenso kann sich ein drainierter Hang für Pflanzen aus wintertrockenen Gebieten als überlebenswichtig erweisen.

Man beginnt, Analogien zu entdecken: Der Lebensraum der Stranddistel lässt sich im Garten leicht nachempfinden. Der kurzlebige Doldenblütler besiedelt Strände und Dünen mit feinem Küstensand vom Mittelmeergebiet bis nach Nordeuropa. Diese Art kann unter anderem mit dem Küsten-Meerkohl (*Crambe maritima*), Strandhafer (*Ammophila arenaria*), Dünen-Rot-Schwingel (*Festuca rubra* subsp. *arenaria*) und Salzmiere (*Honckenya peploides*) vergemeinschaftet sein. Ein sonnenexponierter Standort im Garten, mit feinem Sand dünenförmig aufgeschüttet, kommt dem Standort mit einfachen Mitteln nahe. Für den wuchernden Strandhafer empfiehlt sich eine Isolierung durch eine Rhizomsperre. Gesellen Sie nun noch Tamariske, Currystrauch (*Helichrysum italicum* subsp. *serotinum*) und Dünen-Dichter-Narzisse (*Pancratium maritimum*) sowie Dünen-Weide (*Salix repens* subsp. *dunensis*) dazu, verwandeln Sie zum Beispiel die Schotterwüste eines tristen Vorgartens in einen gärtnerisch anspruchsvollen Mikrokosmos mit Urlaubserinnerungs-Charakter.

Ebenso können steile rissige Kalksteinfelsen im Hochgebirge dem Lebensbereich Natursteinmauer im Garten entsprechen. Rispen-Steinbrech (*Saxifraga paniculata* subsp. *paniculata*), Berg-Hauswurz (*Sempervivum montanum* subsp. *montanum*), Bunt-Schwingel (*Festuca varia*), Gewöhnliche Alpen-Aurikel (*Primula auricula*), Zwerg-Glockenblume (*Campanula cochleariifolia*) und Stängelloses Leimkraut (*Silene acaulis* subsp. *acaulis*) sind typische Zeigerpflanzen, die in dieser Kombination auch im Gartenbild funktionieren können und genauso ästhetisch wie am Naturstandort wirken.

In der Natur können Pflanzengesellschaften ein ganzes Landschaftsbild weiträumig bestimmen (zum Beispiel Heide- und Graslandschaften borealer Regionen) oder mit weiteren Gesellschaften ein Mosaik nischenhaft angepasster Gemeinschaften innerhalb größerer landschaftsprägender Gesellschaften bilden.

Die Strand-Distel (*Eryngium maritimum*) im Küstensand auf Sardinien.

*Eryngium maritimum* in einem Sandbeet mit Küstenpflanzen aus aller Welt (Palmengarten Frankfurt).

Ein Vegetationsaufbau endet nach einer Standortneubesiedelung im Idealfall im Klimax-Stadium eines Waldes. Anhand eines licht- und niederschlagsreichen Gebirgswaldtyps in Sichuan lässt sich die vertikale Schichtung einer Vegetation gut veranschaulichen. Fabers Tanne (*Abies fabri*) bildet auf 2000 m Höhe die Baumschicht, *Rhododendron*-Arten dominieren die Strauchschicht im oberen Felsabschnitt. Die unteren Flanken sind baumlos, hier herrschen laubabwerfende Sträucher, Rhododendren und Klettergewächse vor. Die Krautschicht siedelt im oberen Bereich in einem humusreichen Oberboden, die Krautschicht der Felsflanken sitzt in humosen Felsnischen. Die Moosschicht ist aufgrund des Monsun-Klimas artenreich. Darunter befindet sich die Wurzelschicht, die sich bis in die Felsschichten hinein verankert.

Am Beispiel eines Vegetationsbildes am Klausenpass, einer Passhöhe zwischen den Schweizer Kantonen Uri und Glarus, wird deutlich, wie nahe unterschiedlichste Gemeinschaften miteinander auftreten können. Der obere Bildrand zeigt die von der Felswand abgehenden Schutthalden, alpine Rasen grenzen an die Randbereiche an und bilden nach unten eine geschlossene Vegetationsdecke, die lediglich durch Blöcke und Felskuppen unterbrochen wird. Linksseitig erstreckt sich *Rhododendron hirsutum*-Gebüsch. Die erodierte, spalten- und taschenbildende Felskuppe bietet einen Lebensraum für Farne, Stängelloses Leimkraut und Alpen-Gänsekresse.

In der aus Grasarten und Weiß-Klee gebildeten Grundfläche stehen Einblütiges Ferkelkraut, Arnika, Bart-Glockenblume, Teufelskralle, Ampfer, Schafgarbe, Flockenblume, Hornklee, Pippau und Hahnenfuß. Eine gleichmäßige, feingliedrige Verteilung ist erkennbar. Gelbblütige Korbblütler, Hahnenfuß und Hornklee leuchten aus der Grundfläche fernwirkend heraus und werden von leichten Blau- und Violetttönen neutralisiert. Blüten- und Fruchtstände von Ampfer und Gräsern wirken kontrastreich. Leuchtend weiß stehen Schafgarben im Hintergrund.
Zeigerpflanzen für bodensaure Magerrasen, wie *Arnica montana* und *Campanula barbata*, lassen erkennen, dass es sich um eine saure Auflage über dem anstehenden Kalkmassiv handelt (Eggberge, Kanton Uri).

## GERÜSTBILDUNG UND VERSCHACHTELUNG

Das Erscheinungsbild einer Pflanzengesellschaft wird, wie bereits angesprochen, visuell von prominenten Pflanzenarten bestimmt, die zum Beispiel durch Dominanz, Silhouette, Farb-, Kontrast- und Textureigenschaften auffallen. Die Mengenverteilung der einzelnen Arten innerhalb der Pflanzengesellschaft folgt einer gewissen Regelmäßigkeit. Deutlich lässt sich dieses Phänomen beim Wandern durch Bergwiesen erkennen. Handelt es sich um extensiv bewirtschaftete magere Mähwiesen, ist die Artenvielfalt tendenziell hoch. Stauden und Einjährige haben die Möglichkeit, auszureifen und sich zu versamen. Dadurch ist die Formenvielfalt groß und detailreich. Bergwiesen können für die Anlage von Wiesen im Garten als Vorbild dienen. Gartenbesitzer im Tiefland müssen jedoch berücksichtigen, dass durch die unterschiedlichen Klimabedingungen das Ergebnis nur zum Teil dem Vorbild entsprechen wird. In Flachlandgärten sind daher Wiesen-Vorbilder des Flach- und Hügellandes die erste Wahl. Sie können durch konkurrenzstarke Arten des Berglandes ergänzt werden.

Die gleichmäßige Verteilung der Arten lässt sich auch als Verzahnung oder Verschachtelung bezeichnen. Diese Verschachtelungen wirken von oben gesehen wie Mosaike und sind besonders auffällig und attraktiv in Pflanzenverbänden von alpinen Matten- und Polsterpflanzen. Solche Pflanzenverbände sind häufig heftigem Wind, Kälte und intensiver Sonneneinstrahlung ausgesetzt. Sich miteinander in einer Lebensgemeinschaft zu verschachteln bietet den Vorteil, gemeinsam den verankernden und nährenden Boden vor Erosion zu schützen und zu bedecken. Zudem bildet der Verband einen Schutz vor Kälte und Austrocknung.

Gestalterisch lassen sich solche Verschachtelungen besonders gut mit südamerikanischen und südpazifischen Gattungen nachempfinden. Geeignete Gattungen sind zum Beispiel Andenpolster (*Azorella*), Stachelnüsschen (*Acaena*), Schafsteppich (*Raoulia*), Knäuel (*Scleranthus*), Fiederpolster (*Leptinella*) und niedrige Heidekrautgewächse.

Gerüstbildung einer patagonischen Felsheide bei Gobernador Costa, Argentinien. Aufgrund des anstehenden Ryolith-Massivs und einer sommerlichen Trockenzeit stehen Zwergsträucher (*Junellia*) und Gräser (*Jarava*) gerüstbildend in lockeren Verbänden. Trockenkünstler wie die Korbblütler *Nassauvia axillaris* und *Mutisia retrorsa*, Austrokakteen, Meerträubel und Stachelnüsschen finden in den Zwischenräumen ihre Nische und konkurrieren mit den Nachbarpflanzen um Wasser und Nährstoffe. Verändern sich die Standortbedingungen, verändert sich auch das Verhältnis der Anzahl von Individuen zueinander. Nur wenige Meter weiter oben folgt dem Felsabschnitt ein schuttreiches, kühl-windiges Plateau. Die Sträucher gehen in eine Mattenform über und dominieren in dünner Besiedelung die Gesellschaft.

Mengenverteilung in einer Hochstaudenflur am Nebelhorn bei Obersdorf, Allgäu. Der Alpendost (*Adenostyles alliariae*) bildet mit einem violetten Schleier eine Grundfläche. Die großen Doldenteller des Wiesen-Bärenklau (*Heracleum sphondylium*) verteilen sich gleichmäßig in der Grundfläche und heben die kerzen- und rutenförmigen Blüten- und Fruchtstände hervor. Das Alpen-Greiskraut (*Senecio alpinus*) verteilt sich in kleinerer Anzahl, aber ebenso regelmäßig in der Fläche. Die Hochstaudenflur besteht aus wenigen, innerhalb dieser Gemeinschaft und unter optimalen Standortbedingungen konkurrenzfähigen Pflanzenpartnern. Das Nährstoffangebot ist in der frischen, drainierten Sohle aufgrund der oberhalb gelegenen Weidewirtschaft sehr hoch.

Standortbeispiel im Nationalpark Torres del Paine, Chile. Das Andenpolster *Azorella monantha* bildet ein flaches Grundgerüst, das von weiteren Arten durchwachsen wird. Kontrastreich stehen die jungen Igelposter von *Mulinum spinosum* in der Gemeinschaft. Das Bild erscheint stabil, dennoch wird sich langfristig das Igelposter über den Teppich legen und das stellenweise Absterben der Azorellen einleiten. Während der Schneeschmelze, durch Unwetter und durch Vergreisung alter Büsche entstehen in der Vegetationsdecke jedoch viele Freiflächen, die erneut von den Teppichverbänden eingenommen werden.

# LANDSCHAFTSERFAHRUNG AUTHENTISCH SPIEGELN

Die Stimmung und Atmosphäre, die uns am Naturstandort begegnet, prägt sich in unser gärtnerisches Gedächtnis ein und sucht im Garten nach Entfaltung. Achten Sie darauf, welche Landschaften Ihnen besonders intensiv in Erinnerung bleiben und fragen Sie sich warum? Diesen besonderen Momenten und der Verbindung zu den Elementen der Natur auf den Grund zu gehen, lohnt sich, um Ausschnitte dieses Ganzen in den Garten zu transportieren. Unendliche Weite, Wetter, tiefstehendes Herbstlicht, Konturen im Nebel oder das Rauschen eines Wildbaches. Diese Aspekte verbinden sich mit der Umgebung. Sie sind Aspekt und Teil des Ganzen.

Die saisonale Ausstrahlung von Landschaftsbildern kann besonders kraftvoll und wandelbar sein. Das Leuchten fruchtender Vogelbeeren im Morgenlicht, neongrüne Moospolster im winterlichen Laubwald, die Massenblüte von Busch-Windröschen und weiße Blütendolden auf sommerlichen Waldlichtungen sind saisonale Beispiele, für die wir empfänglich sind und auf die wir jedes Jahr warten. Genauso verhält es sich mit unseren Gartenbildern. Wie sehr sehnen wir uns nach Farbe und nach der Entfaltung unserer Pflanzen im Frühjahr, nach Blühfolgen im Hochsommer, sind fasziniert von den Stimmungen des Herbstes und versuchen mit der Betonung von Kontur, Rindenfarben und -strukturen, winterblühenden Pflanzen und immergrünen Gewächsen den Garten auch im Winter zu erleben.

Die Aussagekraft und Authentizität eines Vegetationsbildes kann durch die Herausbildung von Atmosphäre und Ausdruck, zum Beispiel Dynamik, Wildnishaftigkeit, Stille und Lichtspiel, gefördert werden. Schlüsselelemente wie Wasser und Licht intensivieren die Gesamtwirkung von Vegetation, vergehenden und sich wandelnden Organismen, Gestein und Boden.

Wasser ist verbindend und tragend und Wasser ist wandlungsfähig. In einer Teichfläche wirkt es beruhigend, in einem wilden Bachlauf dynamisch. Sickernd und rieselnd strahlt es Lebendigkeit, Frische und Sinnlichkeit aus. Es zerstört und erschafft Neues. Es zeigt sich lichtbrechend in Regen- und Tautropfen, jahreszeitenprägend in Septemberdunst und Herbstnebel und in der Wechselwirkung mit der Vegetation im Wind- und Lichtspiel.

Landschaftsaspekte auf Ihren Garten zu übertragen, gelingt Ihnen dann authentisch, wenn Sie auch die Wechselwirkungen zwischen der Vegetation und den verschiedenen Elementen eines Standortes mit einbeziehen. Die naturnahe Modellierung einer Pflanzung verbindet daher bauliche, ökologische, kulturtechnische und ästhetisch-atmosphärische Kriterien miteinander.

Die charakteristische Topografie eines Vegetationsausschnittes können Sie schon während der Modellierungsphase unter Verwendung von Naturmaterialien herausbilden. Um zum Beispiel einen Waldrandaspekt nachzuempfinden, bietet sich die Ausgestaltung mit Totholz, Mulch, Laub- oder Nadelmull und Gesteinsblöcken bzw. Findlingen an. Typische Waldpflanzen, wie Wurmfarne, Maiglöckchen, Wald-Geißbart und Schwalbenwurz-Enzian, können Sie gerüstbildend in das Modell einbeziehen. Rohhumus fördert die Bildung von Mikrohabitaten. Mit einer gezielten Modellierung können Sie natürliche Kreisläufe initiieren.

In einer Steingartenanlage gibt es mannigfaltige Möglichkeiten, Gestein naturnah, ökologisch und funktionell einzusetzen. Felsabbrüche, kleine Kämme, Block- und Schutthalden, Felstaschen und -terrassen am Standort lassen sich im Steingarten verkleinert simulieren und bilden sein Skelett.

Übertragen Sie die Raumwirkung von Vegetationsbildern proportional auf die passenden Gartensituationen. Wo ist Weite möglich, wo lohnt es sich, kleinteilig zu verschachteln? Verbinden Sie Gartenräume miteinander!

*Snow Tussock* (Horstgras-Gesellschaft) im Hochgebirge der neuseeländischen Südinsel. Hier wird die Kraft von Licht, Wasser, Wind und Weite deutlich. Das Licht durchflutet die gedrehten Blattspitzen und die Spelzen der Gräser und verleiht ihnen eine große Leuchtkraft und Kontrastwirkung. Die Konturen und unterschiedlichen Grüntöne der Begleitpflanzen heben sich dezent ab. Der Blick fällt unweigerlich auf das ruhende Schwarzwasser am Fuße des Gräserhangs. Es strahlt eine geheimnisvolle Atmosphäre aus. Die Oberfläche der Graslandschaft erscheint homogen und auf den ersten Blick artenarm. Zwischen den Grashorsten finden jedoch zahlreiche Pflanzenarten ihre Nische.

# VEGETATIONSBILDER DER NORDHALBKUGEL

Um dem Ursprung der Lebensbereiche unserer Gärten auf den Grund zu gehen, begeben wir uns jetzt auf die Reise in Heimatgebiete von Gartenpflanzen. Jedem Einblick in natürliche Lebensräume folgt eine praxisnahe Episode mit Interpretationsbeispielen, die auf den Garten übertragen werden können. Eine Vielzahl dekorativer Freilandpflanzen entstammt der kühl-gemäßigten Klimazone der Nordhalbkugel. Zu ihnen gehören viele verlässlich winterharte Pflanzen aus winterkalten, kontinentalen Gebieten und Hochgebirgen. Ebenso zählen Pflanzenarten klimamilder Zonierungen dazu, zum Beispiel mediterrane Pflanzen mit einer ausgeprägten sommerlichen Trockenphase und Arten der sommerfeuchten Subtropen Asiens.

Blick auf die Bernina-Gruppe und das Val Roseg im Ober-Engadin, Schweiz. Der Abstieg von der Fuorcla-Hütte führt über artenreiche alpine Rasen und Wiesen.

Vorhergehende Seite: Wollgras-Uferzone am Tiefengletscher (Furka-Gebiet, Schweiz).

# DIE ALPEN / INSPIRATIONEN FÜR DEN STEINGARTEN

**Gebirgspflanzen in ihrem natürlichen Umfeld zu beobachten und ihre Lebensweise zu verstehen, gehört zu den interessantesten Exkursen in unserer heimischen Flora. In den Bergenhöhen gewinnt man einen guten Eindruck von den dort wirksamen Naturgewalten. Der Blick über die höchsten Gipfel schafft eine große Nähe zum Ursprung des Lebens und beeindruckt durch Weite und Erhabenheit. Das Gefühl, welches uns Pflanzeninteressierte auf den Höhenwegen der Alpen begleitet, ist beflügelnd und erfüllend. Ein Lernfeld von unglaublicher Schönheit.**

Die Alpen sind ein aufschlussreiches Exkursionsgebiet, um bekannte Pflanzenarten in einem landschaftlich vertrauten Rahmen genauer unter die Lupe zu nehmen. Blauer Eisenhut, Mannstreu, Edelweiß und Alpenrose sind charakteristische Vertreter der Alpenflora. Viele Gartenpflanzen haben ihren Ursprung in dieser artenreichen Flora. 8 bis 10 % der Gefäßpflanzen des Alpenraumes sind endemisch, das sind mehr als 400 Pflanzenarten, die nur in diesem Gebirgssystem auftreten, häufig lokal sehr begrenzt.

Scheuchzers Glockenblume (*Campanula scheuchzeri*), Stängelloser Enzian (*Gentiana acaulis*), Trollblume (*Trollius europaeus*), Wald-Storchschnabel (*Geranium sylvaticum*) und Knabenkräuter gehören auf Wanderungen häufig zu den wiederkehrenden Begleitern, säumen Wegränder und blühen in Matten und Wiesen. Fetthennen-Steinbrech (*Saxifraga aizoides*), Simsenlilien und Fettkraut stehen in Quellfluren und auf sickernassen Felsen an, und in Kalkschutthalden und Schotterrasen finden Alpen-Kratzdistel (*Cirsium spinossissimum*), Zwerg-Glockenblume (*Campanula cochleariifolia*) und Weiße Silberwurz (*Dryas octopetala*) optimale Lebensbedingungen vor. Alpenpflanzen in ihrer entsprechenden Lebensweise, ihrem Habitat und ihrer Verbreitungsamplitude zu verstehen, fällt leichter, wenn man die Vegetation in ihrer jeweiligen Höhenverbreitung betrachtet. Diesen Vegetationsstufen werden wiederum Pflanzengesellschaften zugeschrieben, die für sie charakteristisch sind. Diese Gemeinschaften sind an spezielle Klimaverhältnisse und Böden gebunden, zeigen aber auch Überschneidungen und Übergänge. Einige Arten treten in verschiedenen Vegetationsstufen, auf unterschiedlichen Böden und unter verschiedenen Luftfeuchtigkeitsgraden auf. Sie verfügen über eine große Standortamplitude. Andere Arten sind nischenhaft an spezielle Bedingungen angepasst und treten nur in einer einzigen Höhenzone hochangepasst auf.

Die Lebensräume der Alpenpflanzen sind eng an die geologischen und topografischen Gegebenheiten gebunden. Felsfluren, Schotterrasen, Blockhalden und Flussgeröll zeugen von der Vielfalt gesteinsgebundener Standorte. Der Ursprung dieser gesteinsbetonten Lebensräume geht auf die Alpidische Phase (letzte globale Gebirgsbildungsphase der Erdgeschichte) zurück.

Die Alpen sind ein junges Hochgebirge. Die Auffaltung des 1200 km langen und 150 bis 250 km breiten Alpenmassivs erfolgte während der Alpidischen Phase im Jung-Tertiär. Die gewaltige Barriere trennte den mediterranen Raum klimatisch und floristisch von Mitteleuropa. Wanderungsbewegungen von Pflanzen wurden unterbrochen oder erschwert. Infolge großer klimatischer und geologischer Veränderungen (insbesondere quartäre eiszeitliche Bildungen) entstand ein vielschichtiges Relief, das heute eine ausgeprägte Verteilung von nördlichen und südlichen Arten aufzeigt, stellenweise aber auch die Einwanderung mediterraner und pannonischer Pflanzengruppen (Pflanzen des östlichen Österreich, aus Mähren, der ungarischen Tiefebene, der Slowakei, Rumäniens und des nördlichen Balkans) zuließ und begünstigte. Diese Einflüsse machen die Alpen heute zu einem eindrucksvollen Exkursionsfeld, in dem sich aufgrund der beschriebenen Klimabarriere und der überwiegend großflächigen

| Vegetationsstufen der nördlichen Randalpen | | |
|---|---|---|
| **Vegetationsstufen** | **Höhenverbreitung** | **Zeigerpflanzen** |
| **Nivale Stufe** | über 2700 m | Flechten, Polster, Pionierrasen |
| **Alpine Stufe** | bis 2700 m | Kryptogamen, Polster, Krummseggen-Rasen, Polsterseggen/Blaugras-Rasen, Zwergstrauchheide |
| **Subalpine Stufe** | bis 2100 m | Rasen, Zwergstrauchheide, Krummholz, Berg-Kiefer, Lärche, Zirbe |
| **Altomontane Stufe** | bis 1600 m | Tanne, Fichte, Lärche, Zirbe, Buche. Innenalpen und südliche Randalpen: zunehmend Zirbe und Lärche |
| **Montane Waldstufe** | bis 1400 m | Berg-Kiefer, Tanne, Fichte, Buche |
| **Submontane Waldstufe** | bis 800 m | Buche, Ahorn, Tanne, Fichte |
| **Kolline Stufe** | bis 500 m | Eiche, Kiefer, Südalpen: Flaum-Eiche, Hopfenbuche, Manna-Esche |

**Vereinfachte Darstellung nach Mayer 1974, Reisigl, 1979, Biebelsriether, 1983, Klotz, 1989, Ellenberg, 1996. Die Höhenverbreitung kann variieren; in den südlichen Randgebieten verschieben sich die Verbreitungszonierungen nach oben.**

Verteilung von Kalk- und Urgestein zahlreiche floristische Regelmäßigkeiten lehrbuchhaft aufzeigen lassen. Zudem präsentieren sich die Lebensgemeinschaften an den Schnittstellen von Kalkgestein, Dolomit und Silikat besonders vielfältig und artenreich.

Bachläufe, Sickerwasser, Hoch- und Niedermoore und Seen sind in den Alpen allgegenwärtig. Die Schneeschmelze und Gletscherwasser sind während der Vegetationsphase Garant für die Versorgung der unteren Zonierung, aber auch wichtiger Wasserlieferant für das Flachland. Die jährliche Niederschlagsverteilung erscheint hoch, sie beträgt in vielen Regionen mehr als das Doppelte der Flachlandmengen. Lokal sind die Wassermengen und die für die Vegetation notwendige Wasserspeicherkapazität der Böden jedoch sehr heterogen. Im Wallis liegen die Niederschläge bei 700 mm, während sie nur wenige Kilometer nördlich bei 4000 mm liegen (Frei und Schmidli, 2006). Fels- und gesteinsbetonte Standorte haben eine geringere Wasserspeicherkapazität als zum Beispiel lehmig-humose Feuchtwiesenböden. Die Alpen sind geprägt durch die kleinräumige Koexistenz oder Vernetzung von unterschiedlichen Lebensbereichen. Ein Beispiel: Artenreiche Trockenrasen auf Grundmoränen werden von nassen Rinnen durchzogen. Oberhalb stehen satte Wiesen, *Rhododendron*-Gebüsch und Zirben-Wald, die den Wasserspeicher bilden. Am Fuße der Hanglage stürzt Wildwasser in einem breiten Sturzbach ins Tal. Alpen-Pestwurz (*Petasites paradoxus*) durchwächst das rundlich geschliffene Moränengeröll und Simsenlilien, Knabenkräuter, Enziane und Einblüte stehen im sauren Randbereich der gegenüberliegenden frischen Hanglage.

Vom Osterfelderkopf im Zugspitzengebiet erhält man einen tiefen Einblick bis ins Höllental. Von der alpinen Stufe aus erkennt man den Krummholzgürtel und die montane Waldstufe.

Ein sonnenexponierter rundlich geschliffener Granitfelsen im Ober-Engadin zeigt, wie nahe nasse, dauerfeuchte, halbtrockene und trockene Kleinhabitate miteinander vernetzt sein können.

**Die kalkliebende Zwerg-Glockenblume (*Campanula cochleariifolia*) besiedelt feuchte Felsspalten bis auf 3000 m Höhe. Ihre Verbreitungsamplitude reicht bis in die montane Stufe und schließt Schutt- und Rasenstandorte ein.**

## GESTEINSFLURE

Verwitterung, Abtragung und Ablagerung von Gestein sind eine Voraussetzung für die Entstehung von Böden und damit von Lebensräumen. Die Natur zerstört, formt und lässt Neues entstehen. Unter dem Einfluss von Temperatur, Druck und Reibung werden Berge sukzessive abgetragen. Fließendes Wasser, Eis und Wind sind die unmittelbaren Kräfte, die auf das Gestein einwirken und die Bodenbildung in Gang bringen. Entstehen durch Frostsprengung, Abtragung und Auflösung Felsrisse, Fugen und Löcher, finden speziell angepasste Pflanzen schnell einen Lebensraum. Cyanobakterien, Algen, Moose, Farne und Flechten gehören zu den ersten Besiedlern. Sie lösen das Gestein an und bilden ein Medium für die Ansammlung von Feinerde und Humus. Rhizombildende Polster und Teppiche füllen Felsspalten aus, Polsterpflanzen dringen mit ihren langen Wurzeln tief in Felsrisse, Gänge und Brüche ein, verankern sich und finden Wasser, Nährstoffe und Schutz vor Kälte und Verdunstung. Die Besiedelung schreitet voran, sowohl vertikal als auch horizontal.

Wittert die Gesteinsoberfläche stetig weiter, werden Risse und Gänge schollig aufgesprengt. Grob- und feinkörnig sitzen Gesteinsfragmente locker zwischen dem sich bildenden Felsbruch und dem massiven Felsmassiv. Je mehr Boden sich anreichert und bildet, umso vielfältiger werden die Gemeinschaften.

Schotterrasen können entstehen. In der oberen alpinen Stufe können diese von Gletscher-Hahnenfuß (*Ranunculus glacialis*), Clusius' Gämswurz (*Doronicum clusii* subsp. *clusii*), Himmelsherold (*Eritrichium nanum*), Breitblättriger Primel (*Primula latifolia*), Zottigem Mannsschild (*Androsace villosa* var. *villosa*), Schnee-Enzian (*Gentiana nivalis*) und Kriechender Nelkenwurz (*Geum reptans*) gebildet werden. Je tiefgründiger und humoser der entstandene Boden ist und je günstiger sich talabwärts die Klimabedingungen gestalten (Wind, Sonnenexposition, frühere Schneeschmelze), umso mehr und umso größere krautige und verholzende Pflanzenarten, wie zum Beispiel Punktierter Enzian (*Gentiana punctata*), Kriechweiden und viele mehr können sich ansiedeln.

An steilen Felskämmen und Schluchten besonders in Kalkgebieten, bricht und rutscht Gestein permanent ab. Schutthalden entstehen. Die Besiedelung von Grob- und Feinschutt ist von verschiedenen Faktoren abhängig. Wird die Oberfläche permanent überlagert und ist sie ständigem Abrutschen und Veränderungen unterworfen, haben es Pflanzen schwer, sich zu etablieren. Nur spezialisierte Pflanzengruppen, wie zum Beispiel Schuttüberkriecher und Schuttstauer, die den abrutschenden Schutt überkriechen (Alpen-Gänsekresse) oder mit Triebbündeln Barrieren bilden (Gletscher-Hahnenfuß), können hier existieren.

Schutthalden, die während der Vegetationsperiode nur geringen Veränderungen ausgesetzt sind, bieten meist bessere Bedingungen für die Ansiedelung von Pflanzengemeinschaften. Ruhender Grob- und Feinschutt und steil lagernde Blockhalden sind aber nicht unbedingt ein Garant für eine artenreiche Besiedelung. Wassermangel, Auswaschung und Temperaturspitzen können die Besiedelung weiter einschränken. Hier sind Flechten im Vorteil, da sie auf der Gesteinsoberfläche ihren Lebensraum finden. Ebenso sukkulente Arten, wie Spinnen-Hauswurz (*Sempervivum arachnoideum*) oder Farne, die sich in feuchten dunklen Nischen vor zu starker Erhitzung schützen, beispielweise Krauser Rollfarn (*Cryptogramma crispa*) und Ruprechtsfarn (*Gymnocarpium robertianum*).

Beste Möglichkeiten für die Etablierung von Pflanzengemeinschaften bieten die Randbereiche von Schutthalden. Die Böden werden tiefgründiger und können Wasser und Nährstoffe speichern. Gämswurz-Greiskraut (*Senecio doronicum*), Alpen-Kratzdistel (*Cirsium spinosissimum*), Wald-Storchschnabel (*Geranium sylvaticum*), Meisterwurz (*Peucedanum ostruthium*) und Grauer Alpendost (*Adenostyles alliariae*) sind typische Stauden dieser Bereiche der Alpen.

Artenreicher Schotterrasen zwischen erodierenden Felsblöcken mit Gletscher-Hahnenfuß (*Ranunculus glacalis*) und Schnee-Enzian (*Gentiana nivalis*) in Surlej, Ober-Engadin.

Die Acker-Feuer-Lilie (*Lilium bulbiferum* subsp. *croceum*) in einer steilen Granitschutthalde im Ober-Engadin, Schweiz.

## PIONIERGEHÖLZE UND NIEDRIGE STRAUCH-GESELLSCHAFTEN

Krummholzgürtel formen die Waldgrenze und können auf steilen Hanglagen, Felsvorsprüngen und am Fuße von Schutthalden Barrieren bilden. Sie sind in der Lage, großräumig Schutt zu stauen. In ausgedehnten Berg-Kiefer-Verbänden können sich artenreiche Pflanzengesellschaften entwickeln. Es entstehen humose, schwach saure bis saure Oberböden, in denen sich Preiselbeere (*Vaccinium vitis-idaea*), Gewöhnliches Maiglöckchen (*Convallaria majalis* subsp. *majalis*), Sumpf-Herzblatt (*Parnassia palustris*) und Schwalbenwurz-Enzian (*Gentiana asclepiadea*) etablieren. Je nährstoffreicher das Medium, umso mehr siedeln sich Hochstauden und verschiedene Gehölze wie Eberesche und Mehlbeere an.

Berg-Kiefer (*Pinus mugo*) bildet dichte Verbände, steht aber auch locker in Gemeinschaft mit Bewimperter Alpenrose (*Rhododendron hirsutum*) sowie alpinem Rasen und ist daher ein wichtiger Pionier für die Besiedelung der Rohböden. Zu den wichtigsten Krummholz-Arten gehört die Grün-Erle. Sie steigt ebenfalls in steilste Lagen und Höhen auf und besiedelt schmale Traufen, Lawinengänge und Hanglagen in der oberen Waldzone.

Rohböden entstehen besonders in Gletschernähe. Nahe der eisigen Gletschermilch finden nur wenige Pflanzen ihr Auskommen. Alpen-Leinkraut (*Linaria alpina*), Fleischers Weidenröschen (*Epilobium fleischeri*), Steinbrech-Arten, *Stellaria uniflora*,

Der Dammkar, eine gewaltige Schutthalde bei Mittenwald (Karwendel), mündet in einen Krummholzgürtel aus Berg-Kiefer (*Pinus mugo*).

Deutsche Tamariske (*Myricaria germanica*) und Kriechende Nelkenwurz (*Geum reptans*) organisieren sich an kiesreichen Bachlaufufern des Schmelzwassers. Dort, wo ein Gletscher in Höhe des anstehenden Waldes mündet, können einige Hundert Meter entfernt schon die ersten Weidengebüsche entstehen. Die Moränen entwässern zum Gletscherbach hin und ein Netzwerk kleiner mäandernder Bäche entsteht. Die Weidenverbände bestehen meist aus verschiedenen Weiden-Arten, zuweilen auf wenigen Quadratmetern aus vier bis fünf verschiedenen Arten.

An bodensauren Gewässerufern etablieren sich Wollgräser. Saure Areale ohne Staunässe werden von der Rostblättrigen Alpenrose (*Rhododendron ferrugineum*) angenommen. Sie können im lichten Arven-Wald (*Pinus cembra*) dichte Unterholzbestände ausbilden. Auf alpinen und subalpinen Rasen und Hanglagen stehen sie sonnenexponiert und sind zur Blütezeit ausgesprochen dekorativ.

Zwerggehölze besiedeln vertikale Felswände, Felskuppen in alpinen Rasengesellschaften und Böschungen. Zwerg-Kreuzdorn (*Rhamnus pumila*), Gestreifter Seidelbast (*Daphne striata*) und Gewöhnlicher Seidelbast (*D. mezereum*), Weiden- und Zwergmispel-Arten lassen sich auf Exkursionen in verschiedenen Habitaten beobachten. *Rhamnus pumila* wächst eng an den Felsen angepresst und tief verankert. *Daphne striata* zwingt den Wanderer auf den Boden, denn den Duft der attraktiven Blüten sollte man sich nicht entgehen lassen. Gedrungener Wacholder (*Juniperus communis*) und Buchsblättriges Kreuzblümchen (*Polygala chamaebuxus* subsp. *chamaebuxus*), ein Halbstrauch, werden von Fingerkraut und Frauenmantel begleitet.

**Weiden- und *Rhododendron*-Gebüsch im Moränenfeld des Morteratsch-Gletschers, Engadin.**

**Unmittelbar nach der Schneeschmelze erwacht die Vegetation mit einer Massenblüte der Ganzblättrigen Primel (*Primula integrifolia*).**

**Die Frühlings-Küchenschelle (*Pulsatilla vernalis*) tritt in den Alpen bis in die kühle subnivale Stufe auf. Sie wächst bevorzugt auf sauren Silikat-Magerrasen und in Zwergstrauchheiden, ist aber auch in tiefer gelegenen lichten Kiefernwäldern zu finden.**

## ALPINE RASEN

Alpine Rasengesellschaften gehören zu den interessantesten Vegetationsbeispielen für die Gestaltung von Steingärten. Im Garten werden alpine Polster häufig als Einzelexemplare isoliert und mit großem Abstand zu den Nachbarpflanzen kultiviert. Alpine Rasengesellschaften bestehen in der Regel aus Verbänden vieler Arten mit vielen Individuen innerhalb eines abgesteckten Rasters. Eine oder auch mehrere Blütenpflanzen treten durch auffallende Einzelblüten hervor. Was für die Insekten attraktiver ist und sie anlockt, gefällt auch uns Menschen. Pflanzen der Schneetälchen-Gesellschaften und sonnenabgewandter Gebirgsmagerrasen müssen je nach Höhenverbreitung und Exposition mit einer kurzen Vegetationsphase auskommen; das bedeutet, dass eine Massenblüte unmittelbar nach der Schneeschmelze beste Bedingungen für die Verbreitung schafft. Troddelblumen, Frühlings-Küchenschelle (*Pulsatilla vernalis*), Alpen-Küchenschelle (*P. alpina*), Ganzblättrige Primel (*Primula integrifolia*), Kraut-Weide (*Salix herbacea*), Netz-Weide (*S. reticulata*) und Alpen-Hahnenfuß (*Ranunculus alpestris*) gehören zu diesen Gemeinschaften. Sie sind im Flachland heikle Pfleglinge, können aber mit einigen Kulturkniffen im Garten bestehen. Die rasenbildenden Gräser wie Blaugras und Krumm-Segge blühen ebenfalls unmittelbar nachdem der Schnee die Pflanzen freigegeben hat.

Alpine und subalpine Rasengesellschaften mit einer längeren Vegetationsphase sind sowohl durch später blühende Arten gekennzeichnet als auch durch Arten, die länger blühen und/oder nachblühen. Diese Arten sind im Garten besonders wertvoll, da

**Alpiner, gut durchfeuchteter Silikatrasen mit Stängellosem Enzian (*Gentiana acaulis*) bei St. Moritz, Ober-Engadin.**

**Artenreicher Magerrasen auf Mischgestein mit Glänzender Skabiose (*Scabiosa lucida* subsp. *lucida*) nahe der Lochalp, Graubünden.**

sehr anpassungsfähig: Stängelloser Enzian (*Gentiana acaulis*), Gewöhnlicher Wundklee (*Anthyllis vulneraria*), Gewöhnliches Sonnenröschen (*Helianthemum nummularium*), Aurikel (*Primula auricula*), Glattes Brillenschötchen (*Biscutella laevigata*) und Fingerkraut-Arten sind Beispiele dafür.

Südexponierte Hanglagen profitieren von einer schnellen Erwärmung und einer damit verbundenen längeren Vegetationszeit. Auf drainierten, mäßig frischen bis trockenen Böden bilden sich Magerrasen, besonders auch in Folge extensiver Beweidung. Kalkmagerrasen können sehr artenreich sein. Hier trifft man auf zahlreiche gartenwürdige Pflanzen mit attraktiven Blüten. Typische Vertreter der Kalkmagerrasen sind das Kalk-Blaugras (*Sesleria albicans*) und das Zittergras (*Briza media*). Sie werden von blütenreichen und farbintensiven Stauden und Zwerggehölzen begleitet. *Scabiosa lucida*, *Thymus pulegioides*, *Globularia cordifolia*, *Helianthemum grandiflorum*, *Potentilla grandiflora*, *Anthyllis vulneraria* und *Rhinanthus minor* blühen mit Fernwirkung. Die blauen Trichterblüten von *Gentiana clusii* und *Gentiana verna*, die zierliche *Antennaria dioica*, das gelbe Brillenschötchen *Biscutella laevigata* sowie die Orchideen *Gymnadenia odorata* und *Nigritella rubra* bilden dekorative Farbkombinationen mit anderen Pflanzen im Magerrasen.

Auf Silikatböden gehören Borstgras (*Nardus stricta*), Rot-Schwingel (*Festuca rubra*), Echte Arnica (*Arnica montana*), die Fingerkraut-Arten *Potentilla erecta* und *P. aurea*, Besenheide (*Calluna vulgaris*), Hunds-Veilchen (*Viola canina*) und Bärtige Glockenblume (*Campanula barbata*) zu den attraktiven Zeigerpflanzen.

# HOCHSTAUDENFLUREN

Nehmen Nährstoffgehalt und Wassermenge im Boden zu, können sich höhere Staudengemeinschaften in den Rasen entwickeln. Zu den typischen gerüstbildenden Pflanzen gehören Gewöhnliches Rispengras (*Poa trivialis*), Wiesen-Lieschgras (*Phleum pratense*), Gewöhnlicher Wiesen-Goldhafer (*Trisetum flavescens*), Wald-Storchschnabel (*Geranium sylvaticum*), Berg-Laserkraut (*Laserpitium siler*), Gelbgrüner Frauenmantel (*Alchemilla xanthochlora*) und Starrer Wurmfarn (*Dryopteris villarii*). *Alpen*-Greiskraut (*Jacobaea alpina*), Europäische Trollblume (*Trollius europaeus*), Akeleiblättrige Wiesenraute (*Thalictrum aquilegiifolium*), Türkenbund-Lilie (*Lilium martagon*), Blaue Himmelsleiter (*Polemonium caeruleum*), Ährige Teufelskralle (*Phyteuma spicatum*) und Eirunde Teufelskralle (*P. ovata*) sowie Berg-Flockenblume (*Centaurea montana*), Schwalbenwurz-Enzian (*Gentiana asclepiadea*) und Schwarzviolette Akelei (*Aquilegia atrata*) bestechen durch farblich prominente Blütenakzente oder feinere detailreiche Blüten. Sie bilden den Übergang zu den alpinen Hochstaudenfluren, die überwiegend von Großstauden dominiert werden. Gräser treten hier nur geringfügig auf oder bilden Übergänge zu anderen Gesellschaften. Weltweit betrachtet entstammen viele der bekanntesten und wichtigsten Gartenstauden aus Hochstaudenfluren der Gebirge und der Gewässerränder in den Niederungen.

Wichtige Vertreter der Hochstaudenflure in den Alpen sind die Gattungen *Aconitum* (Eisenhut), *Heracleum* (Bärenklau), *Adenostyles* (Alpendost), *Cirsium* (Kratzdistel), *Thalictrum* (Wiesenraute), *Filipendula* (Mädesüß), *Eupatorium* (Wasserdost), *Bistorta* (Wiesenknöterich) und *Senecio* (Greiskraut). Arten wie das Alpen-Mannstreu (*Eryngium alpinum*) und der Hohe Rittersporn (*Delphinium elatum*) sind mittlerweile sehr selten und stehen unter strengstem Schutz. Das Auftreten von Hochstaudenfluren kann originär oder aber durch Weide- und Forstwirtschaft entstanden sein. Alpine Hochstaudengesellschaften entstehen an dränenden Hanglagen, die stetig Feuchtigkeit und Nährstoffe nachliefern. Dabei werden Feinerde und Feinschutt eingetragen, die zu einer guten Bodenbelüftung beitragen.

Auf offenen krautreichen Standorten mit einer frühen Bodenerwärmung findet eine Anreicherung von saurem Rohhumus in der Regel nicht statt, da der Humus schnell umgesetzt wird und den Stauden unmittelbar als Nährstofflieferant zur Verfügung steht, sodass viele Hochstaudenfluren tendenziell basenreich sind. Eine starke Versauerung des Bodens bleibt aus. Nährstoffe bleiben daher in einem Kreislauf verfügbar. Eine Ausnahme bilden Grün-Erlen-Gebüsche sowie nadelhumusreiche Standorte. In den Alpen findet man Hochstaudenfluren am Fuße von Felshängen und begleitend in Lawinenrinnen, innerhalb alpiner Rasengesellschaften entlang von Fließgewässern, an Seeufern sowie in Gebüschen, Wäldern und deren dränenden Randbereichen. Als Kulturfolger können sich Hochstaudenfluren besonders durch die Weidewirtschaft etablieren, da sich der Eintrag von Dung unterhalb der Weiden und Ställe konzentriert. Das Weidevieh verschmäht giftige, bittere oder stachelige Stauden, sodass Arten, wie Alpen-Ampfer, Alpen-Kratzdistel und Eisenhut zu den typischen Zeigerpflanzen von Lägerfluren – so werden Hochstaudenfluren bezeichnet, die durch Nährstoffeintrag der Weidewirtschaft entstanden sind – gehören.

Im Wald können durch Holzgewinnung Schlagfluren entstehen. Himbeere, Blauer und Gelber Eisenhut, Brennnessel, Kreuzkraut, Weidenröschen und Meisterwurz bilden hier typische Vergemeinschaftungen. Frische Lichtungen, Waldränder, lichte Waldsituationen und Bachläufe werden von verschiedenen Hochstauden der Familie der Doldenblütler (Apiaceae) bestimmt, zum Beispiel die Kälberkropf-Arten *Chaerophyllum hirsutum* und *C. villarsii*, der Wiesen-Bärenklau (*Heracleum sphondylium*) und die Meisterwurz (*Peucedanum osthrutium*). Korbblütler sind durch den Alpenlattich (*Cicerbita alpina*), den Grauen Alpendost (*Adenostyles alliariae*) und das Fuchssche Kreuzkraut (*Senecio ovata*) vertreten. Von hohem Zierwert sind weitere bekannte Hochstauden-Arten wie Wiesenknöterich (*Bistorta officinalis*), Große Sterndolde (*Astrantia major*), Nesselblättrige Glockenblume (*Campanula trachelium*), *Lilium martagon* und *Aquilegia atrata* sowie *Aconitum*-Arten.

Sonnenexponierte Hochstaudenfluren erscheinen oft stattlich und farbenprächtig. Ein Beispiel wurde bereits auf Seite 19 beschrieben. Beeindruckend wirken Hanglagen, die vom Gelben Eisenhut *Aconitum lycoctonum* bestimmt werden. Weitere imposante und attraktive Hochstauden-Vertreter sind Weißer Germer (*Veratrum album*) und Grüner Germer (*V. lobelianum*). Sie bilden rispige Blütenstände mit weißen bzw. grünlichen Trichterblüten. Ihre gefurchten, breiten, ovalen bis lanzettlichen Laubblätter sind strukturstark. Die Gattung ist mit 25 bis 40 Arten auf der Nordhalbkugel verbreitet. *Adenostyles alliariae* gehört zu den prägendsten und attraktivsten Hochstauden mit Flächenwirkung auf offenen Lagen und in lichtem Wald. Leider ist die Pflanze im Flachland anspruchsvoll, sodass eine breite Verwendung im öffentlichen Grün nicht möglich ist.

Übergänge von Hochstaudenfluren in trockenere warme Schutthalden können ausgesprochen attraktiv und fernwirkend erscheinen. Ein sehenswertes Beispiel findet sich auf dem Schächentaler Höhenweg im Kanton Uri, Schweiz: Dichte Alpendost-Bestände begleiten die feuchten, nährstoffreichen Flanken einer breiten Kalkschutthalde. Das Zentrum der Schutthalde profitiert von der südwestlichen Exposition der Hanglage mit einem warmen Mikroklima, in dem das Berg-Laserkraut (*Laserpitium siler*) beste Bedingungen findet. Weiträumige Bestände des Doldenblütlers blühen gemeinsam mit der Berg-Flockenblume (*Cyanus montanus*) und der Gelben Platterbse (*Lathyrus laevigatus*).

Meisterwurz, Grüner Germer und Wiesenknöterich an einem Ufersaum des Silvaplanersees (Ober-Engadin, Schweiz).

Hochstaudenflur mit Gelbem Eisenhut (*Aconitum lycoctonum*) und Grauem Alpendost (*Adenostyles alliariae*) am Rande einer Dolomitschutthalde (Schachen, Wettersteingebirge).

# INTERPRETATIONEN ALPINER VEGETATIONSBILDER IM GARTEN

Die Alpenflora als Vorbild unserer Steingärten zu verstehen, reicht bis in die Gründerzeit zurück. Die Alpenpflanzenanlage Anton Kerners in Innsbruck war zu dieser Zeit wegweisend für die Entstehung pflanzensoziologisch orientierter Gebirgsgärten. Im Steingarten vereinen sich verschiedene Disziplinen der Gartengestaltung. Wir erhalten die Möglichkeit, Lebensräume mit Naturstein baulich nachzuempfinden und können Alpenpflanzen unterschiedlichste Habitate anbieten. Unseren ästhetischen Anspruch können wir dabei individuell zum Ausdruck bringen.

## AUF KLIMAVERÄNDERUNG REAGIEREN

Alpine Pflanzen erfolgreich in die Lebensbereiche des Gartens einzubeziehen, gehört zu den besonderen gärtnerischen Herausforderungen und wird im Flachland zunehmend schwieriger. Die Klimaveränderungen der vergangenen Jahre zeigen, dass nicht nur die alpinen Gartenpflanzen im mitteleuropäischen Tief- und Hügelland unter Hitze- und Trockenstress zu leiden haben, sondern auch Hochgebirgspflanzen an ihren natürlichen Standorten von großen Veränderungen betroffen sind. Auch hier machen sich regional lange Dürrephasen zunehmend bemerkbar. Der Rückgang der Gletscher und die Wanderungsbewegungen von Pflanzengesellschaften in höhere Zonierungen sind dramatische Vorzeichen für die Bedrohung vieler Arten.

Noch ist die Kultur vieler Gebirgspflanzen auch in hitzegeplagten Ballungsräumen mit Einschränkungen möglich. In den kommenden Jahren wird es sich jedoch zeigen, welche Alpenpflanzen im Garten weiterhin gut gedeihen und klimatischen Stressfaktoren standhalten. Mit einer zunehmenden Erwärmung des Klimas ist es in diesem Zusammenhang wichtig, zu beobachten und zu prüfen, welche Pflanzengemeinschaften und Pflanzenarten die lokalen Bedingungen zufriedenstellend ertragen. Diese Fragestellung betrifft zwar in besonderem Maße Gebirgspflanzen aus niederschlagsreichen, kühl-gemäßigten Gebieten, doch zunehmend auch das gesamte Sortiment der Gartenpflanzen. Blattverbrennungen, Kümmerwuchs, Wurzel- und Kronenschäden an Gehölzen, Stagnation des Stoffwechsels und sekundäre Pflanzenkrankheiten sowie Schädlingsbefall, die sich aufgrund von Schwächung der Pflanzen einstellen, sind Auswirkungen, mit denen wir uns verstärkt auseinandersetzen müssen.

**Polster, Matten und Zwerggehölze in optimaler Abstimmung. Ökologische und ästhetische Informationen wurden bei der Anlage des Steingartens von Karl Rössle symbiotisch verknüpft und umgesetzt (mehr dazu auf Seite 170).**

Die Selektion von robusten Sämlingen im eigenen Garten ist ein geeignetes Mittel, um regional angepasste Pflanzen zu fördern. Auch sollte die Standortamplitude von Arten am natürlichen Standort mehr Beachtung finden. Geeignete Beispiele dafür sind Ökotypen und verwandte Kleinarten der Südalpen und mediterraner Hochgebirge (Sierra Nevada, Abruzzen, Atlas, Balkan), die einer stärkeren Strahlungsintensität ausgesetzt sind. Aber auch in den zentralen und nördlichen Alpen gibt es Pflanzengemeinschaften, die an Trocken- und Hitzestress angepasst sind. Der Begriff Trockenrasen weist darauf hin.

Alpenpflanzen aus montanen und collinen Regionen sind an das Flachland meist besser angepasst. Einige Arten können gestalterisch analog zu alpinen und hochalpinen Arten verwendet werden. Ein Beispiel dafür ist *Daphne cneorum*, der Rosmarin-Seidelbast. Die kalkliebende Art ist in der collinen und montanen Stufe der Nord- und Westalpen sowie vereinzelt in Graubünden, im Wallis und den angrenzenden Gebieten verbreitet. Sie tritt am Standort mit der Föhre (*Pinus sylvestris*) und in höheren Lagen mit der Haken-Kiefer (*Pinus mugo* subsp. *uncinata*) auf. Das Erico-Pinion (Subatlantischer Kalk-Föhrenwald) tritt je nach Höhe und Feuchtegrad mit Schnee-Heide (*Erica carnea*), Schwarzwerdendem Geißklee (*Cytisus nigricans*), Felsen-Kreuzdorn (*Rhamnus saxatilis*), Deutschem Backenklee (*Dorycnium germanicum*), Erd-Segge (*Carex humilis*) und Weißer Segge (*C. alba*), Kalk-Blaugras (*Sesleria albicans*), Clusius' Enzian (*Gentiana clusii*) und *Herzblättriger Kugelblume* (*Globularia cordifolia*) auf. Innerhalb dieser Gesellschaft wird *Daphne cneorum* in höheren Lagen von dem Gestreiften Seidelbast (*Daphne striata*) abgelöst, *Pinus sylvestris* von *Pinus mugo* subsp. *uncinata*. Ebenso wächst der Rosmarin-Seidelbast in Wäldern der Gewöhnlichen Schwarz-Kiefer (*Pinus nigra*) mit Gewöhnlichem Eingriffeligem Weißdorn (*Crataegus monogyna*), Gewöhnlicher Felsenbirne (*Amelanchier ovalis*), *Polygala chamaebuxus* und *Sesleria albicans* in ähnlichen Gemeinschaften. Es handelt sich vornehmlich um Steppenbewohner, die am Alpenrand und den inneren Tälern ein Refugium vorfanden (Dengler, 2001).

Im Steingarten kann man zu bindinge Gartenböden mit Kalksplitt abmagernd und belüftend aufmischen und oberflächlich mulchen, um *Daphne cneorum* gute Lebensbedingungen in einer Hanglage zu verschaffen. Niedrige Blaugräser sind gute Partner, insbesondere die horstbildenden Arten, zum Beispiel *Sesleria nitida*. Alte Horste sollten jährlich ausgekämmt werden. Polsterbildende Arten wie *Sesleria albicans* müssen gelegentlich zurückgenommen werden. Krummholz und lockere mittelhohe Sträucher können gerüstbildend in die Hanglage eingeplant werden. Besonders effektvoll ist es aber, wenn möglichst viele *Daphne cneorum*-Pflanzen im offenen Hang blühend dominieren. *Globularia*-Arten (Kugelblumen), *Polygala chamaebuxus*, *Gentiana clusii* und kalkverträgliche verwandte Enziane, niedrige Glockenblumen, Sonnenröschen (*Helianthemum*) und Breitblättriger Edel-Gamander (*Teucrium chamaedrys*) sind ideale Partner.

Hitzeempfindliche Arten finden auf nordseitigen hellen Flanken gute Lebensbedingungen. Hier lassen sich auf tiefgründigen, feuchten sandig-grusigen Auflagen Arten wie *Pulsatilla vernalis*, verschiedene Alpen-Primeln und ihre Hybriden, wie z. B. *Primula wulfeniana*, *Primula glaucescens* × *minima* und Sorten von *P. marginata*, Krusten-Steinbrech, der Kärntner Kuhtritt (*Wulfenia carinthiaca*) und kleine Farnarten kultivieren. Je nach Bedarf kann das mineralisch betonte Substrat mit Humus angereichert werden.

Gerüstbildend bestimmen *Sesleria*-Arten die junge Pflanzung des Steingarten-Plateaus. Die anstehende gereifte, tiefgründige Rasenerde wurde mit Kalksplitt aufgemischt und gemulcht.

Rosmarin-Seidelbast (*Daphne cneorum*) mit Blaugräsern und *Pinus mugo* subsp. *pumilio* in sonnenexponierter Lage.

Viele Steinbrech-Arten können auf porösen Tuffsteinen durch Aussaat angesiedelt werden. Das Beispiel zeigt den Pyrenäen-Steinbrech (*Saxifraga longifolia*) in der Gärtnerei Eidmann.

Tuffsteinwand mit *Jancaea heldreichii* und *Primula allionii* im Schaugarten der Gärtnerei Eidmann. Jungpflanzen können mit kleinen Ballen in Bohrlöcher eingepflanzt werden.

## FELSSPALTEN UND TUFFSTEINWÄNDE

Felsspaltenbewohnern einen angemessenen Pflanzplatz zu bieten, gehört zu den interessantesten Aufgaben im Steingarten. Felsspaltengärten erfreuen sich großer Beliebtheit, und in der Tat sprechen die Kulturerfolge für sich. Man gewinnt auf kleinstem Raum einen vielfältigen Standort. Polsterpflanzen, Zwerggehölze und Fugenbewohner erhalten durch ein System vertikal aneinander liegender Gesteinsplatten einen Lebensbereich, der im Modell einem alpinen Felsen mit unterschiedlichen Expositionen gleicht. Das Substrat basiert bei den meisten Modellen auf gewaschenem Sand, da dieser eine hohe Kapillarität aufweist und es nicht zu staunassen Bedingungen kommt. Je nachdem welche Pflanzen kultiviert werden sollen, können auch andere Substrate geeignet sein. Letztlich kann man einen Spaltengarten auch anmoorig gestalten und Simsenlilien, Fettkräuter und Fetthennen-Steinbrech (*Saxifraga aizoides*) ansiedeln.

Ähnlich wie beim Felsspalten-Modell kann ein tiefgründiger Trockenmauerwall oder eine naturnahe Nachbildung einer mit Bruchsteinen modellierten Kuppe oder eines Felskammes nach den Himmelsrichtungen ausgerichtet sein. Hitze- und Trockenkünstler können exponiert südseitig zur Mittagssonne in den Zwischenräumen oder auf dem Plateau angeordnet werden. Die Mittagssonne meidende Arten können in dem für sie geeigneten Winkel zur Sonne oder gar absonnig bis schattig auf die Nordseite gepflanzt werden. Eine voluminösere Substrataufschüttung bietet Vorteile für Pflanzengruppen, die ein großes Wurzelsystem ausbilden, tiefgründige Böden bevorzugen oder breit ausladend wachsen, wie beispielsweise Weiden, Germer-Arten und hohe Enziane.

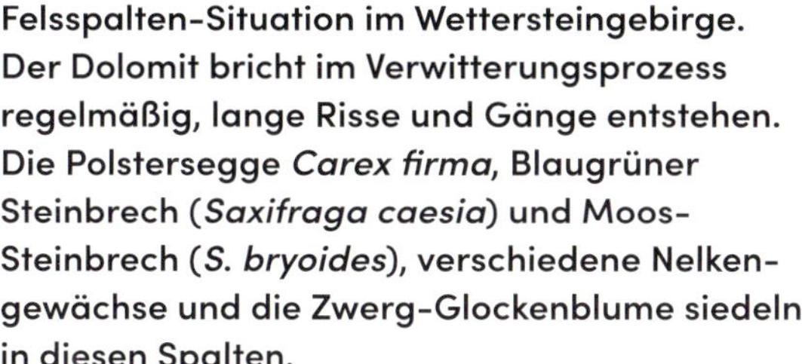

**Felsspalten-Situation im Wettersteingebirge. Der Dolomit bricht im Verwitterungsprozess regelmäßig, lange Risse und Gänge entstehen. Die Polstersegge *Carex firma*, Blaugrüner Steinbrech (*Saxifraga caesia*) und Moos-Steinbrech (*S. bryoides*), verschiedene Nelkengewächse und die Zwerg-Glockenblume siedeln in diesen Spalten.**

**Im Garten lassen sich platzsparend Felsspaltengärten in Inselform anlegen. Das Beispiel zeigt eine noch junge Bepflanzung einer Felsspalteninsel aus Serezit-Gneis im Palmengarten, Frankfurt am Main. Die Jungpflanzen wurden zuvor aus Samen gezogen und in einem Alpinhaus vorkultiviert.**

Die Oberflächenstruktur von Felsmassiven im Hochgebirge kann durch Verwitterungsprozesse löchrig, porös und furchig beschaffen sein wie zum Beispiel das Silikat in der hochalpinen Stufe im Ober-Engadin. Alpenazalee (*Loiseleuria procumbens*) sowie Steinbrech-, Felsenblümchen- (*Draba*), Primel- und Hauswurz-Arten wachsen auf solchen Felsoberflächen. Im Flachland können Tuffstein- und Travertin-Blöcke ähnliche Bedingungen bieten, vorausgesetzt die gewünschten Pflanzen tolerieren den pH-Wert des Gesteins. Einige Pflanzen, die in der Natur gewöhnlich auf sauren Gesteinen auftreten, können sich auch auf Tuffgestein behaupten. Sie können einzelne Steine bewachsen lassen oder ganze Wände und Felssimulationen gestalten. Je nach Härte und Porenvolumen können Sie Pflanzlöcher maschinell ausbohren oder die natürlichen Furchen und Hohlräume ausnutzen. Diverse Pflanzenarten wachsen in der Natur vornehmlich auf porösen steilen Felswänden. Einige gehören, wie beispielweise *Dionysia*-Arten, zu den heikelsten Pflanzen in der Gartenkultur.

Bei den beschriebenen Pflanzungsmodellen stehen zunächst funktionelle und kulturtechnische Bedürfnisse im Vordergrund. Einer standortnahen Ausgestaltung steht jedoch nichts im Wege. Mit Geschick und Muskelkraft können Sie Felssituationen topografisch und floristisch simulieren.

## HOCHSTAUDEN

Montane und alpine Hochstauden können zur Hauptblütezeit Gartenbilder aspektbildend bestimmen. Auf den Seiten 12, 34 und 35 wurden die Struktur- und Konturqualitäten verschiedener Hochstauden-Blütenstände dargestellt. Insbesondere Doldenblütler mit breiten Schirmen bilden strukturierte Pflanzbilder und hellen sie auf oder beruhigen starke Farben. Herausragend sind die Blütenschirme des Wiesen-Bärenklaus (*Heracleum sphondylium*). Als Einzelpflanze, Gruppe oder strukturgebend in der gemischten Hochstauden-Pflanzung wirken die 1,50 m hohen Pflanzen sehr gefällig. Die Dolden haben eine große Leuchtkraft und ziehen Fliegen und Käferarten zur Bestäubung an. Die Bergform *Heracleum sphondylium* subsp. *elegans* blüht reinweiß und hat dreigeteilte Laubblätter. Sie benötigt frische bis feuchte Böden und erträgt keine übermäßige Sommerhitze; ein heller, aber nicht zu brandiger Standort ist vorzuziehen. Weitere Unterarten des Wiesen-Bärenklaus kommen im Flach- und Hügelland vor und sind teils fiederblättrig. Sie sind insgesamt stresstoleranter. Eine weitere feuchtigkeitsliebende Art ist die Wald-Engelwurz (*Angelica sylvestris*). Die monokarpe Art kann als imposante Hochstaude im August frische Uferzonen dominieren. Blut-Weiderich (*Lythrum salicaria*), Echtes Mädesüß (*Filipendula*

**Eisenhut-Hochstaudenfluren lassen sich im Flachland erfolgreich nachempfinden, wenn der Wasserbedarf im Sommer gedeckt wird und der Standort nicht südseitig exponiert abfällt. *Aconitum lamarckii*, der Pyrenäen-Eisenhut, ist stressverträglicher als der Blaue Eisenhut (*A. napellus*) und eignet sich daher besonders gut für die Gestaltung dominanter Eisenhut-Flure.**

Die heimische Wald-Engelwurz (*Angelica sylvestris*) bestimmt mit imposanten Blütenständen den Ufersaum eines Bachlaufs. Die Art ist in den Alpen bis auf 1800 m verbreitet. Sie ist auch eine Zeigerart von Auen, Mooren und Hochstaudenfluren des Flachlandes und ist dort beispielsweise mit dem wärmeliebenden Blut-Weiderich vergemeinschaftet (Hochstaudenflur im Botanischen Garten, Frankfurt am Main).

*ulmaria*), Gelbe Wiesenraute (*Thalictrum flavum*), Schwarzschopf-Segge (*Carex appropinquata*) und Sumpf-Dotterblume (*Caltha palustris*) sind geeignete Partner.

Die Flächenwirkung von Blütenständen macht Hochstauden für Pflanzungen wertvoll. In den Alpen trifft man den Gelben Eisenhut häufig dominant in Hanglagen, an Waldrändern und im Krummholz an. Diesen breiten monochromen Farbeffekt können Sie im Garten leicht flächig nachempfinden. Sie können auch den Blauen Eisenhut locker mit einstreuen. Ähnliche Blütenfelder und -fluchten erreichen Sie mit *Rittersporn*-Arten und -Sorten sowie Astrantien.

Ausgesprochen effektvoll ist die Verwendung von Lilien in der Hochstaudenflur. *Lilium martagon*, die Türkenbund-Lilie, ist im Alpenraum in Hochstaudenfluren besonders an Waldrändern und im lichten Wald verbreitet. In offenen Schlagfluren und auf sonnigen Hanglagen kann sie größere Bestände bilden. Wenn Sie Lilien locker und schwunghaft gruppieren, bringt das Bewegung in die Pflanzung. Wüchsige *Martagon*-Hybriden wachsen im Flachland zufriedenstellender. Die saisonalen Effekte von Lilien sollten in der Pflanzung viel mehr berücksichtigt werden. Schon der Austrieb und der junge Aufwuchs ergänzen Formen- und Farbeffekte in der Pflanzung, ebenso das Herbstbild mit ihren Fruchtkapseln und dem Spiel der Vergänglichkeit.

Wie vielfältig die Gestaltungsmöglichkeiten mit Gebirgspflanzen sein können, belegen die folgenden Buchseiten. Wir verlassen die Gärten des Flach- und Hügellandes und lassen uns von den optimalen Kulturbedingungen und der Vielfalt im Alpengarten der Schatzalp in Davos inspirieren. Diese Eindrücke sollen Sie anregen, das, was möglich ist, auf den eigenen Garten abzuleiten, zu interpretieren und weiterzuentwickeln.

# ALPINE PFLANZEN AUF DEM ZAUBERBERG

## DAS ALPINUM SCHATZALP

„Nach der Pflanzung die natürliche Sukzession vorauszusehen, zu provozieren und zuzulassen, ist wohl eine der anspruchsvollsten Möglichkeiten zu gärtnern." Klaus Oetjen

**Als Klaus Oetjen im Jahre 2004 die Leitung des Alpengartens auf der Schatzalp bei Davos übernahm, begann er konsequent, seine Garten-Philosophie „Pflanzen artgerecht zu kultivieren" umzusetzen. Seine langjährige Berufserfahrung in der Staudenproduktion und deren Vermarktung und Verwendung, die intensive Auseinandersetzung mit den Ideen und Ansätzen der gärtnerischen Pioniere des 20. Jahrhunderts und die Beobachtung von Pflanzen in ihrem natürlichen Habitat hatten in ihm die Idee reifen lassen, den Stauden in der Anzucht und in ihrer gestalterischen Einbindung möglichst naturnahe Lebensbedingungen zu ermöglichen. Vielfältige Lebensbereiche auf der über 1800 m hoch gelegenen Schatzalp boten ihm ein ökologisches Grundgerüst, das nur wenigen Gärten beschert ist.**

Es gurgelt und rauscht an jeder Biegung. Mit einem kleinen Wasserfall stürzt sich der Guggerbach am oberen Forstweg in das Alpinum. Hier grenzt der offene Waldrand an die Wiesenhänge des Gartens. Duftende Händelwurz mit grazilen weißen, rosa und zartvioletten Blüten: ein Schnittpunkt von Landschaft und Garten.

Alpenpflanzen haben seit 1907 Tradition auf der Schatzalp. Damals war der heutige Hotelgarten Teil eines Luxussanatoriums für Tuberkulose-Kranke. Das Jugendstil-Gebäude ist einer der Schauplätze in Thomas Manns berühmtem Roman „Der Zauberberg". Seit 1954 wird es als Hotel weitergeführt. Um die Gartenidee des „Schatzalp-Alpinums" umzusetzen, wurde das dafür vorgesehene Areal im Jahre 1968 nach einem Lawinenabgang mit großem Aufwand urbar gemacht. Das natürliche Relief und die nach der Lawine offenere Situation waren prädestiniert dafür, Gebirgspflanzen in unterschiedlichen Lebensbereichen zu zeigen. Die Staudengärtner Max und Hans Frei regten das Projekt an und bekamen von der AG Berghotel Schatzalp den Auftrag, das Konzept für die Errichtung des Gartens im Guggerbachtal zu erstellen. Garten-Kurator wurde Dr. Lichtenhahn.

Das Konzept des Alpengartens am Guggerbach beinhaltete, neben Wildarten auch Auslesen und Hybriden von Gebirgspflanzen in die Pflanzungen aufzunehmen. Den Grundstock bildete unter anderem das Sortiment der Gärtnerei Frei. Natürliche Mikrohabitate wie Quellmoore, Wiesen und Felswände boten beste Bedingungen, um den Garten reifen zu lassen.

Gegen Ende der 1990er-Jahre fiel der Garten in einen Dornröschenschlaf und die Anlage verwilderte zunehmend. Im historischen Alpinum wurde ein Streichelzoo errichtet – mit fatalen Folgen für die Bepflanzung. Doch mit dem Verkauf des Hotels und seiner Außenanlagen im Jahre 2003 wurde ein neues Kapitel auf der Schatzalp aufgeschlagen.

Die neuen Besitzer erkannten das Potenzial des Gartens und nahmen ihn wieder in Betrieb. Viele Kulturpflanzen waren mittlerweile verwildert, andere verschwunden. Klaus Oetjen, als Obergärtner bestens mit dem Sortiment und dem Konzept von Max und Hans Frei vertraut, benötigte drei Jahre, um das Gartenbild wieder herauszuarbeiten. Von nun an konnte er seiner Vision Gestalt verleihen. Seine Reiselust führte ihn immer wieder zu den floristischen Hotspots der Welt. Tibet, Yunnan, die Appalachen, das südliche Afrika und die Alpen gehören bis heute zu seinen Inspirationsquellen. Die heutigen Pflanzkonzepte im Alpengarten sind thematisch darauf abgestimmt. Sorten und Selektionen gehören weiterhin zum Repertoire, und gerade diese Einbindung von Kultivaren in die Biotope des Gartens macht die verschiedenen Themenfelder zu gärtnerischen Lernflächen.

Alpine Pflanzengemeinschaften des Hohen Himalaya können sich aufgrund ähnlicher Klimabedingungen auf der Schatzalp gut entwickeln. Der natürliche Oberboden des Gartens ist vielfältig aufgebaut. Die Spanne reicht von neutralen über schwach sauren Böden bis hin zu sauren Auflagen bis zu pH 4. Es handelt sich um Tiefenkalk- und Silikatböden, die durch die umgebende Waldsituation mit sauren Vaccinium-Gesellschaften teilweise sauer-humos betont sind. Die Pflanzen strotzen vor Gesundheit. Bei einigen Spezialkulturen werden Substratmischungen verwendet, zum Beispiel beim Raritätenkabinett, beim Spaltengarten und

**Vorhergehende Seite: Blick von der durch Primeln, Scheinmohn und Edelweiß betonten Himalaya-Wiese in das hochalpine Zentrum des Schatzalp-Alpinums.**

Das ehemalige Luxussanatorium und heutige Hotel Schatzalp steht malerisch über dem Hotelgarten. Die Sorten und Hybriden des Türkischen Mohns (*Papaver orientale*) sind Teil des *Big Five*-Gartens. Hier sind die wichtigsten Prachtstauden-Gattungen *Delphinium, Iris, Papaver, Hemerocallis* (Taglilien) und *Paeonia* (Pfingstrosen) in Arten und Zuchtformen ästhetisch vergemeinschaftet.

Am nordöstlichen Rand des Alpinums mäandert der Fußweg entlang von Enzian- und Glockenblumen-Hängen, führt durch Hochstaudenfluren und überrascht an jeder Biegung mit neuen Arten.

***Stellera chamaejasme* var. *chamaejasme* und *Gentiana atuntsiensis* in feiner Abstimmung.**

Tuffsteingarten. Torf und Torfsoden werden für die kalkfliehenden Arten wie Herbst-Enziane, Winterblatt (*Shortia*) und Moosglöckchen (*Linnaea borealis*) eingesetzt. Der Treppenpfad entlang des Guggerbaches führt an natürlicher Bachlauf-Vegetation vorbei. Oberhalb lassen sich die ersten Fragmente der alten Inselbeete aus der Frei-Ära erkennen.

Der Baumbestand wurde im Winter 2017/18 durch eine Lawine stark dezimiert. Glücklicherweise gab es in den alpinen Pflanzungen nur geringe Schäden. Das Ausharren nach einer Lawine, bis Schnee und Eis getaut sind und sich die Schäden offenbaren, ist für einen Gärtner schwer zu ertragen und womöglich ebenso anstrengend wie der kraftraubende und gefährliche Abtransport der Baumreste und Geröllmassen. Nach der Lawine hat man aus der Not eine Tugend gemacht und das Alpinum um die nun offene Fläche erweitert. In der Mitte des Gartens wird man jetzt von den ersten Himalaya-Boten empfangen. Himmelblaue stattliche Scheinmohne und strahlende Rittersporne stehen versetzt im Hang und eröffnen das Bild zum felsbetonten Zentrum hin, das mit seltenen und anspruchsvollen Polsterpflanzen aufwartet. Unzählige Arten und Sorten von Enzian (*Gentiana*) und Edelweiß (*Leontopodium*) begleiten den Besucher und wurden in verschiedene Pflanzthemen eingeflochten. Edelweiß, zum Teil mattenbildend wie im Tibetischen Hochland, wurde auf der Westflanke als „Bodendecker" zwischen Nepal-Scheinmohn (*Meconopsis napaulensis*) und Rispen-Scheinmohn (*M. paniculata*), Blutrotem Fingerkraut (*Potentilla atrosanguinea*) und *Primula sikkimensis* verwendet. Herbst-Enziane bestimmen mit niedrigen Glockenblumen und Stängellosem Enzian (*Gentiana acaulis*) eine Hangschleife auf der Ostseite. Blau und violett sind auch hier dominant. Eryngium alpinum, teils eigene Auslesen

**Schwunghafte Drifts mit Borsten-Schwertlilien (*Iris setosa*) beleben die Hochstaudensäume mit Farbe und Gestalt.**

von Klaus Oetjen, und eine *Aconitum*-Sammlung gruppieren sich um einzelne Arven. Schwunghaft wird der Stamm einer solchen von blauem Lerchensporn (*Corydalis elata*) umwachsen. Kletternde Eisenhüte winden sich zwischen dem Geäst und Wiesenrauten lockern das Bild auf. Hochstauden stehen konzentriert in Senken und Mulden und das hohe Laub blau blühender Schwertlilien strukturiert wellenartig die breit mäandernden Pflanzungen. Im gesamten oberen Garten blühen alpine Lauch-Arten an den Wegrändern und auf den Felstaschen. Der obere Gartenabschnitt lässt Raum für die Verbindung mit der umgebenden Landschaft. Hier trifft man auf die bereits erwähnten Orchideenwiesen mit der Gewöhnlichen Wohlriechenden Händelwurz (*Gymnadenia odoratissima*). Der Blick ins Tal macht Lust, das alpine Raritätenkabinett genauer zu studieren: *Silene elisabethae*, ein Endemit der Alpen, glitzernde Matten südafrikanischer Strohblumen mit candy-farbenen Knospen (*Helichrysum milfordiae*), Pantoffelbumen aus den Anden und asiatische Seidelbastgewächse, wie die attraktive Seidelbast-Verwandte *Stellera chamaejasme*, die sich hier oben sogar versamt. Am Ausgang des neuen Gartens stellt sich die schwierige Frage, welchen Weg man einschlagen soll: rechter Hand zu einer dauerfeuchten Hanglage, um die Rhabarber-Art *Rheum alexandrae* und *Astrantia*-Auslesen zu betrachten, den Weg zur Lochalp fortsetzen und die artenreichen Trockenrasen mit tief-purpurnen Kohlröschen aufsuchen oder im Hotelgarten am Fuße des mit Prachtstauden gesäumten Hanges mit einer beeindruckenden Papaver-Sammlung, gletscherblauen *Delphinium*, Päonien und Kardendisteln ein ruhiges Plätzchen suchen und den „Zauberberg“ lesen.

Im Historischen Alpinum laden blütenreiche Kombinationen naturinteressierte Hotelgäste dazu ein, den Tag mit einem Erkundungsgang im Steingarten zu beginnen. Tigerglocken, hier *Codonopsis clematidea*, gehören zu den feinen detailreichen Vertretern der Glockenblumengewächse. Sie harmonieren mit kühlen Farben.

Steil abfallender Grat mit malerischen Konturen in der Nebelwaldzone.

# MONSUNVEGETATION AM BERG EMEI

Steilwände im Nebel. Über dem Dickicht entfalten sich die feinen Konturen von Ahorn und Bambus. Rostrot behaartes Rhododendron-Laub, die Blüten des Strahlengriffels und überhängende weißrindige Himbeeren. Das unglaubliche Spiel der Formen und Farben, das die Treppenstufen dieses alten buddhistischen Wegesystems säumt, lässt den Wanderer in eine anmutige Landschaft eintauchen. Pilger und Pflanzenjäger werden von dieser Stimmung gleichermaßen ergriffen und erfüllt.

Das Gebirgsmassiv des Emei Shan am Fuße der Hengduan Mountains in Sichuan ist beispielhaft für die hohe Diversität in ganz Süd-West-China. Geschlossene Wälder erstrecken sich über drei Klimazonen hin zu den Gipfeln in über 3000 m Höhe. Herausragend ist die Artendichte auf dem Berg Emei. Zehn Prozent der gesamten chinesischen Flora sind hier zu finden. Die Artenvielfalt der Gehölze ist hoch und viele krautige Pflanzen, insbesondere Farne, sind endemisch für die Region. Die Kalkmassive sind durch die konstanten Niederschläge während des Monsuns tief eingeschnitten. Überall sickert, rieselt und rauscht Wasser. Natürliche *Living Walls* zeigen sich mit Pflanzenkombinationen, die man im Garten als gewagt bezeichnen würde, und doch sind sie stimmig und ökologisch hochinteressant. Durchwandert man vom Gipfel ausgehend die unterschiedlichen Waldtypen bergab, erschließt sich eine fantastische Welt, in der man vielseitige Inspirationen für die Gestaltung mit asiatischen Pflanzen erhält.

**Die immergrüne Hartlaub-Zone wartet mit einer unglaublichen Formenvielfalt auf. Viele Lorbeergewächse, Kamelien, Magnolien, Rauten- und Sternanisgewächse lassen im Nebel eine exotische Stimmung entstehen.**

## GEBIRGSWÄLDER

Die Gipfelregion des Emei wird von Fabers Tanne (*Abies fabri*) und offenem subalpinem Grasland dominiert. Mittelhohe und buschige kleinblättrige *Rhododendron*-Arten wachsen am Waldrand, an Felshängen und auf Lichtungen. Sie sind mit Geißblatt und Spiersträuchern vergemeinschaftet. Unterhalb der geschlossenen Tannenwälder nimmt die Artendichte der Gehölze schlagartig zu. Spektakuläre Ahorn-Arten, Schneebälle, Aralien-Verwandte und Koniferen bestimmen das Bild. In 2200 m Höhe nahe Leidongping blüht im Spätfrühling *Schisandra rubriflora*. Sie gehört zur Familie der Sternanisgewächse (Schisandraceae); ihre urtümlichen Blütenstände erinnern an Miniatur-Magnolien. Nahe des Xianfeng-Klosters unterhalb 2000 m Höhe treten die ersten Taschentuchbäume und ausladende Kuchenbäume in Erscheinung. Die Rosskastanie *Aesculus wilsonii* blüht inmitten wandernder Nebelschwaden und dichter Bambus säumt den Weg.

**Das Magnoliengewächs *Mangliezia szechuanica* ist in Hanglagen zwischen 1100 m und 1750 m zu finden.**

**Die Blattausfärbung von *Actinidia kolomikta* ist schon aus der Ferne erkennbar: In den Hanglagen tritt die weißrosa segmentierte Blattzeichnung aus den überwachsenen Strauchgesellschaften hervor.**

**Auch die Blattzeichnung von *Thladiantha* cf. *maculata* ist auffällig und dekorativ. Die Art ist in der Übergangszone von subtropischer Vegetation in die gemäßigte Waldzone zu finden.**

In der subtropischen Zone sind immergrüne Sträucher und Bäume in einer immensen Vielfalt präsent. Die Lebensgemeinschaften wirken zunehmend exotisch und verspielt. Viele Kamelien, Fiebersträucher, Magnolien und Magnolienverwandte, wie die kräftig rosa blühende *Mangliezia szechuanica*, stehen in üppiger Gemeinschaft im Dunst. Kleine Gruppen von Araliengewächsen der Gattungen *Schefflera*, *Brassaiopsis* und *Aralia* (*Angelikabaum*) sind umgeben von Farnteppichen und *Globba*-Beständen. Auf den Felsen wachsen Begonien, Haselwurz (*Asarum*) und *Gesneriaceen*. Die Temperatur und die Luftfeuchte steigen merklich an. Schlingpflanzen winden sich zwischen einer Vielfalt von Sträuchern und Kleinbäumen, um ans Licht zu gelangen. Sie finden ihre Nischen, ohne dominant aufzutreten. Einkeimblättrige Kletterpflanzen findet man in ihrer größten Vielfalt in der Gattung *Smilax*. Diese sind meist immergrün und kommen am Berg Emei in 24 Arten vor. Neben den kletternden Arten haben sich auch kriechende Arten an den humosen Waldboden angepasst. Sie entwickeln meist herzförmige dekorative Blätter, die aus Bambus und Sträuchern hervortreten.

Zu den attraktivsten Blattschmuckpflanzen zählt der Kolomikta-Strahlengriffel (*Actinidia kolomikta*). Die Art überwallt teppichartig die Krone von Sträuchern und leuchtet in regelmäßigen Abständen mit weiß-pink gemusterten Blättern fernwirkend aus steilen Hanglagen. Markant ist auch das Laub von der Quetschblume *Thladiantha* cf. *maculata* mit silbriger Zeichnung. Jungfernrebe (*Parthenocissus*), Scheinrebe (*Ampelopsis*) und Waldrebe-Arten (*Clematis*) sind weit verbreitet. In den wärmeren Zonen bilden *Holboellia* und *Stauntonia* armdicke ausladende Lianen. Die Pflanzen gehören zu den Lardizabalaceae, den Fingerfruchtgewächsen, zu denen auch die in höheren Lagen verbreitete Blauschote (*Decaisnea fargesii*) zählt. Ihre essbaren Früchte sind ausgesprochen schmackhaft.

Fabers Tanne (*Abies fabri*), eine endemische Tannenart Sichuans, bildet das Gerüst der kühl-feuchten Vegetation im oberen Bereich des Emei Shan-Massivs. Sie tritt ab 2100 m Höhe im Mischwald mit Laub- und Nadelgehölzen auf und wird in größeren Höhen zunehmend dominant. In den Steillagen stehen *Rhododendron*-Arten in spektakulären Wuchsformen mit unterschiedlich großer Belaubung und Textur. Auf den Bergkuppen wachsen sie in lockeren Gruppen und sind von Spiersträuchern und opulenten Feuerkolben (*Arisaema elephas* und *A. wilsonii*) umgeben.

Die Gewöhnliche Chinesische Hemlocktanne (*Tsuga chinensis*) wirkt in offenen Situationen erhaben. In ihrem Umfeld wachsen Laubgehölze der Gattung *Eleutherococcus* (Fingeraralie). Sie gehört zur Familie der Araliengewächse, ihre Stämme und Äste sind häufig attraktiv bestachelt, das Laub handförmig geteilt. Kriechende weißnervige *Rubus* überziehen moosbewachsene Felsen, *Maianthemum* und Schlangenbart (*Ophiopogon*) sowie rostrot belaubte Astilben, Primeln und Rodgersien gehören zu den krautigen Begleitern. Die Sumpf-Dotterblume *Caltha palustris* var. *chinensis* wächst an offen dauerfeuchten Gehölz- und Wegrändern. Flieder (*Syringa*) blüht mit bogigen Ästen aus dem mit Milzkraut (*Chrysosplenium davidianum*) und Wurmfarnen durchzogenen Unterholz.

Der Übergang zwischen kühl-gemäßigter Zone und subtropischer Vegetation kündigt sich an mit malerischen Exemplaren des Kuchenbaums (*Cercidiphyllum japonicum*), des Taubenbaums (*Davidia involucrata*) und der Rosskastanie *Aesculus wilsonii*, die mit weißen Rispen aus verwehten Nebelschwaden herausleuchtet. Hier erhält man eine Idee von den optimalen Standortbedingungen der einzelnen Gattungen. Im Unterholz begleitet Bambus flächig die Bachläufe. Das Pfaffenhütchen *Euonymus cornutus* wächst im Randbereich der Gräser. Es verfügt über eine ebenso schmale Belaubung wie der Bambus.

## STAUDEN IM UNTERHOLZ

Der krautige Unterwuchs der Gehölze verändert sich je nach Höhenzonierung. Innerhalb von wenigen hundert Metern wechseln die Pflanzengemeinschaften. Es zeigen sich facettenreiche Blattfärbungen. Weinrotes Laub bildet einen tiefen Hintergrund für unterschiedliche Blatttexturen und filigrane Blütenstände. Frischgrüne Farne machen diese Kombinationen lebendig. Die auffällig marmorierte Blattspreite und die Fleckung des Schaftes von *Arisaema lobatum* wird durch eine einheitlich grüne Wand aus kleinem, markant gezähntem Laub von Kanonenblumen (*Pilea*) hervorgehoben. *Arisaema*-Arten treten vor allem zwischen 1500 und 3000 m auf. Interessant wirken sie auch durch ihren ungewöhnlichen Sprossaufbau, der zwischen Bambushalmen und am Fuße von bemoosten Felsen apart erscheint. Die größte Vielfalt der Gattung zeigt sich in der subtropischen Zone.

Leicht und zart wirken die weißen Blüten des Windröschens *Anemone davidii* in Kombination mit violetten Lippenblüten von *Meehania fargesii*, fragilen Blütenständen von Schaumblüte (*Tiarella*) und silbrig kontrastierendem *Pilea*-Laub. Sie treten im oberen Drittel des Massivs auf. In ihren Verbänden warten Ende Mai die Neutriebe der Riesenlilien (*Cardiocrinum giganteum* var. *yunnanense*) auf ihre Chance, aus dem Dickicht hervorzutreten.

Die Vegetation öffnet sich nur selten für Stauden subalpiner und montaner Grasgesellschaften. Typische Vertreter dieser Vegetationsstufen treten in der Gipfelregion auf. Auf unberührten Matten kann man graues Ruhrkraut (*Gnaphalium*), Enziane, Edelweiß und Fingerkräuter entdecken. In den tieferen Lagen wachsen lichtliebende Stauden besonders in den steilen Felslagen und im offenen Gehölzrand.

**Oben: Felskanten mit attraktiven Farbkombinationen auf 2000 m Höhe.**

**Mitte: Der Feuerkolben *Arisaema lobatum* mit silbrig-weißer Blattmarmorierung.**

**Unten: *Meehania fargesii, Anemone davidii* und *Pilea* im Unterholz.**

Oben und unten: Die Riesenlilie *Cardiocrinum giganteum* subsp. *yunnanense* mit speerartigen knospigen Blütenständen und einige Höhenmeter bergab in aufgeblütem Zustand.

Die Hochstauden-Vegetation ist Anfang Juni noch nicht in Blüte. Je nach Höhenlage kann man sich jedoch auch vom Habitus der Großstauden beeindrucken lassen. Korbblütler und staudige Holunder stehen in flächigen Verbänden mit den lanzenartigen Sprossen von *Cardiocrinum giganteum* var. *yunnanense* mit abgeblühten, 1 m hohen *Arisaema*-Riesen. In tieferen Lagen kann man die geöffneten Riesenlilien-Blüten im Habitat und ebenso aufgepflanzt nahe den Mittagsküchen an den Pilgertreppen entdecken. Die Riesenlilien sind dort auch in Beständen von Japanischem Flügelknöterich (*Fallopia japonica*) zu finden. Offene Hochstaudenfluren entstehen am Berg Emei durch anthropogene Einflüsse, werden aber auch durch heftige Abrutsche der Vegetationsdecke gefördert. In den subtropischen wärmeren Lagen dominieren Farne die Hanglagen und das Unterholz, Ingwergewächse der Gattungen *Globba*, *Hedychium* (Kranzblume) und *Alpinia* bilden mit Springkraut (*Impatiens*) und *Pilea* texturstarke Verbände. Schusterpalme (*Aspidistra*) und Rüssellilie (*Curculigo*) leuchten mit glänzenden Blatthorsten in den bewaldeten Hängen.

**Der imposante Kettenfarn *Woodwardia unigemmata*.**

# GRÜNE WÄNDE

Vom subtropischen Karstgrund bis auf 2500 m sind Farngewächse allgegenwärtig. In den Hoch- und Mittellagen trifft man auf viele Vertreter vertrauter Gattungen, wie zum Beispiel Schild- und Wurmfarne. Mit dem Abstieg in tiefere Regionen wird es zunehmend schwieriger, Gattungen und Arten zu identifizieren. Die Arten- und Formenvielfalt nimmt erheblich zu. Feingliedrige vierfach geteilte Wedel von Arten der Gattung *Araiostegia* stehen in 2200 m Höhe im schattigen Unterholz niedriger Laubbäume. Diese Farne durchwachsen mit ihren Rhizomen netzartig den Waldboden. In der Nachbarschaft bildet *Dryopteris hirtipes* große Populationen, die aufwärtsstrebend im geneigten Gelände stehen. Felswände werden von zarten *Adiantum*-Arten bewachsen. Der bekannte Immergrüne Frauenhaarfarn, *Adiantum venustum*, besiedelt durch Sprühnebel befeuchtete Flanken. Winzige Arten kriechen durch Felsspalten. Bronzefarbene Matten von Moosfarnen (*Selaginella*) heben sich vom Untergrund ab. Auf 1800 m zeigen sich die ersten stattlichen Exemplare des Kettenfarns (*Woodwardia unigemmata*). An einem Felsvorsprung einer Hochstaudenflur, die von Schlingpflanzen sukzessive eingenommen wird, werfen sich die bernsteinfarbenen jungen Wedel ins Licht. Talabwärts zeigt sich der riesenhafte Farn in interessanten Gemeinschaften, immer in frischer Hanglage. An den Felswänden am Wegesrand lassen sich glänzende Farnwedel der Gattungen *Cyrtomium* (Sichelfarn), heute *Polystichum* zugeordnet, und *Coniogramme* (Goldfarn) zwischen mittelgroßen Nachbarpflanzen ausfindig machen. *Polystichum omeiense* besitzt breite glänzende rautenförmige Fiederblätter an einfach gefiederten Wedeln. Attraktiv sind auch die gestreiften Wedel von *Coniogramme omeiense*; metallisch leuchtet der Schildfarn (*Polystichum xiphophyllum*).

Spektakulär ragen die Steilhänge aus dem Sprühregen, tief eingeschnittene Karste verlieren sich in grünen Kesseln. Auf sickernassen Felsflanken stehen Fettkräuter, Simsenlilien und Moosfarne flächig an. Im Rieselwasser von Wasserfällen blühen *Ypsilandra tibetica*, *Saxifraga stolonifera* und *Mazus omeiensis*. Dauerfeuchte Wände werden von Primel-Arten, zum Beispiel *Primula tardiflora* und Becher-Primel (*P. obconica*), Hahnenfußgewächsen der Gattungen *Coptis* und *Thalictrum*, winzigen

Enzianen und Diapensiaceen besiedelt. Sie stehen in artenreichen kleinteiligen Verbänden. Ein überhängender Rittersporn legt sich zwischen einen Bambusfarn. Detailreich ist die Gestalt von *Lysimachia paridiformis* var. *stenophylla*, dieser Felberich fällt auch abgeblüht durch eine interessante Blattzeichnung auf. Rötliche Zungen leuchten plötzlich in luftiger Höhe aus dem Nebel: *Bergenia omeiensis*, ein Endemit der Gebirge Zentral- und West-Sichuans. Ähnlich in der Leuchtwirkung zeigen sich die Blattunterseiten verschiedener Begonien in vergleichbarer Exposition, wie zum Beispiel *Begonia pedatifida*. Von bestechender Schönheit glänzt eine unbekannte Begonie mit smaragdgrüner Blattoberfläche aus den Wänden heraus. In der subtropischen Vegetationsstufe nimmt die Dichte an Gesneriengewächsen erheblich zu. Sie erblühen überwiegend während des Sommers.

***Lysimachia paridiformis* var. *stenophylla*, ein Felberich, wächst an humosen Felswänden. Während der Blütezeit und im fruchtenden Stadium streckt sich die Pflanze. Ihre hellen Laubblätter sind markant dunkelgrün gefleckt.**

**Sprühnasse Felswände mit angepassten Pflanzengesellschaften mit Moosfarnen und *Mazus omeiensis*.**

Ein zarter Rittersporn leuchtet aus der grünen Hangvegetation mit Kanonenblumen (*Pilea*), Farnen und Begonien heraus. Unterhalb sitzen verschiedene Rosettenpflanzen eng an den Felsen angepresst.

## SUBTROPISCHE TÄLER

Beim Abstieg durch die feuchte subtropische Zone findet die anstehende Vegetation ihr Optimum. Sie erstreckt sich unterhalb 1500 m Höhe bis zum Fuße des Bergmassivs und wird von zunehmender Üppigkeit und Exotik geprägt. Die Flussufer werden von Araliengewächsen aus der Gattung *Brassaiopsis* und überhängenden Bambushorsten bewachsen. Aufsitzerpflanzen und Felsbewohner sind reich vertreten. Das dunkle Grün der Blätter von Orchideen der Gattungen *Cymbidium*, *Calanthe* und *Phaius* erscheint etwas versteckt im Unterholz. Meterlange Großfarne hängen wie grüne Gardinen vom Felsen herab. Schusterpalmen (*Aspidistra*) und die stattliche Simsenlilie (*Tofieldia thibetica*) bewachsen mit flaschengrünen Begonien die feuchten Felsen. Aus der Ferne leuchten die orangenen Früchte einer *Holboellia*, die sich mit kräftigen Trieben durch den Laubwald windet. Vereinzelt stehen lockere Gruppen des Baumfarns *Alsophila spinulosa* am humusreichen Wegesrand und die ersten Bananenstauden ragen aus den dunstgetränkten Hanglagen. Am Qingyin-Pavillon angelangt bilden die geschwungenen, mit Zwergfarnen bewachsenen Dächer neue Lebensräume. Große Findlinge lagern im Wildwasser, ein See öffnet die Landschaft. Ein letzter Blick zurück und die Felswände verschwinden im Nebel.

**_Brassaiopsis_ in luftfeuchter Umgebung in der immergrünen Hartlaubzone. Die Gattung ist nahe mit Schefflera, Fingeraralien (_Eleutherococcus_) und dem Reispapierbaum (_Tetrapanax papyrifer_) verwandt.**

# MONSUNGEPRÄGTE VEGETATION IM GARTEN

Grüntöne sind bestimmend. Sie verbinden sich mosaikhaft und verwandeln sich im Tages- und Jahreszeitenverlauf wie die Haut eines Chamäleons. Die extrem hohe Artenvielfalt am Berg Emei wirkt wild und doch sind alle akzentuiert miteinander verwoben: ein ökologischer Schmelztiegel – Inspiration für eine lebendige exotische Umsetzung im Gartenbild, die schon zu Beginn des letzten Jahrhunderts britische Pflanzenjäger animierte, ihre Reiseeindrücke lebhaft zu beschreiben.

Spektakuläres Farb- und Texturspiel mit *Woodwardia unigemmata, Polystichum xiphophyllum* und Hoher China-Astilbe (*Astilbe chinensis* var. *davidii*).

## DAS GERÜST

Bei der Betrachtung der Vegetationsstufen des Berges Emei beeindruckt die Wechselwirkung von Pflanzensilhouetten, Laubtexturen und intensiven Farben. Die Ableitung und Interpretation von Vegetationsaspekten aus der Natur – und ganz besonders aus Monsungebieten – setzt voraus, die Gegebenheiten eines Gartens zu prüfen, zu optimieren oder Lebensbereiche durch Modellierung und Gerüstbildung zu erschaffen. Ein Gehölzbestand (alternativ eine schattenwerfende Hauswand), ausreichende Wasserressourcen in der Vegetationsphase und ein humoser, je nach Ansprüchen schwach saurer bis saurer Oberboden sind die besten Voraussetzungen für die erfolgreiche Etablierung vieler Stauden- und Gehölzarten, die aus Monsungebieten stammen. Obwohl viele Arten in Kalkgebirgen verbreitet sind, wachsen sie nicht selten auf humusreichen, teils sauren Auflagen. Die Wasserqualität (niedriger Calciumcarbonat- und Salzgehalt) ist insbesondere vorteilhaft für eine gesunde Entwicklung von Monsun-Pflanzen die eine saure Bodenreaktion benötigen. Ist der pH-Wert Ihres Bodens zu hoch, können Sie durch Aufmischung und Mulchung mit sauren Zuschlagstoffen (zum Beispiel Torf, Pinienrinde, Nadelerde, Granitgrus) den pH-Wert senken oder durch Aufschüttung geeigneter Substrate und gegebenenfalls durch eine Trennschicht (Vlies, Sand, Kies) die Verbindung zum Unterboden abgrenzen. Rhododendren können auf diese Weise vor Staunässe und hohen pH-Werten geschützt werden.

*Rhododendron*-Arten, Scheinbeere (*Gaultheria*) und Schein-Kamelien (*Stewartia*) sind klassische Vertreter saurer Böden. Die meisten Gehölz-Arten wachsen jedoch eher auf schwach sauren Böden. Es gibt Arten, die streng an eine Bodenreaktion gebunden sind, und Arten, die mit sauren, neutralen und alkalischen Böden zurechtkommen. Einige Arten wachsen in der Natur direkt im Kalkschutt oder auf -felsen, andere hingegen sind an humusreiche Böden angepasst. Arten, die in neutralen bis schwach basischen Gartenböden zuverlässig wachsen, sind zum Beispiel Henrys Geißblatt (*Lonicera henryi*), Duftender Schneeball (*Viburnum farreri*) und Mahagoni-Kirsche (*Prunus serrula*). Letztere wächst sogar noch auf stark alkalischen Böden.

Schattenwurf von Großgehölzen wie Eichen und Koniferen, die keinen Wurzeldruck verursachen, ist für die Bildung schattiger, lichtschattiger und absonniger Lebensbereiche vorteilhaft. Bietet Ihr Garten diese Voraussetzungen nicht, lässt sich ein schnell wachsendes, möglichst tiefwurzelndes Gehölzgerüst gegebenenfalls nachpflanzen. Schattenwurf von Gebäuden, Mauern oder absonnige Hänge und Senken können Sie ebenfalls nutzen.

Themenbezogen können Sie mit Kuchenbaum (*Cercidiphyllum japonicum*), Taubenbaum (*Davidia involucrata*), Yulan-Magnolie (*Magnolia denudata*) und Fächer-Ahorn (*Acer palmatum*) die Pflanzung aufwerten. *Acer palmatum* hat sich bei Trockenstress und Sommerhitze bewährt. In dieses Gerüst lassen sich Hamamelidaceen, Chinesischer Blumen-Hartriegel (*Cornus kousa* var. *chinensis*), Stumpflappiger Fieberstrauch (*Lindera obtusiloba*), Aralien, *Eleutherococcus setchuenensis*, *Flieder, Deutzien,* Hortensien (*Hydrangea*) und Bambus einbinden. Langsam wachsenden Gehölzen mit schöner Rinde, wie Chinesischer Birke (*Betula albosinensis*) und Zimt-Ahorn (*Acer griseum*), sollten Sie einen Platz einräumen, an dem sie sich langfristig entwickeln können und ihre Schönheit zur Geltung kommt.

Die bedingte Winterhärte von Pflanzen aus subtropischen Lagen ist in kühleren Gebieten ein begrenzender Faktor für die thematische Vielfalt. In diesem Falle kann man mit winterharten Monsun-Arten arbeiten, die im Habitus analog zu bedingt winterharten Arten stehen, zum Beispiel mit Pflanzen aus Mittel- und Nord-Japan, Nord-Korea und den bewaldeten Tälern des Himalaya-Massivs, sowie mit Waldpflanzen des östlichen Nordamerikas, die über ähnliche Eigenschaften verfügen.

Farnwedel verzahnen sich harmonisch und dekorativ miteinander. Bei der Zusammenstellung der Arten sind die Wachstumsbedingungen und das Konkurrenzverhalten allerdings von besonderer Bedeutung. Die Wurzeln vieler felsbewohnender Farne leiden in tiefgründig feucht-humosen Böden. Sie entwickeln sich in Felsritzen, dränierten Pflanztaschen und groben Bruchsteinaufschüttungen zufriedenstellender. Horstbildende Farne lassen sich in ausdrucksstarken Kombinationen vergemeinschaften oder flächig gruppieren. Der Gebirgs-Wurmfarn (*Dryopteris wallichiana*) bildet schwunghafte seitlich ausladende Wedel aus. Er kann mit dem Japanischen Schildfarn (*Polystichum polyblepharum*), dem Kronenfarn (*Osmunda claytoniana*), *Polystichum macrophyllum* und *Dryopteris hirtipes* gefallen. Auch feingliedrige und kolo-

**Reifer Bestand exotischer Gehölze und imposanter Bambushorste im Nordteil des Palmengartens, Frankfurt am Main. Die Tokio-Kirsche (*Prunus* × *yedoensis*) leuchtet anmutig aus dem Dickicht.**

niebildende Farnarten wie Immergrüner Frauenhaarfarn (*Adiantum venustum*) und Japanischer Schneefarn (*Pyrrosia lingua*), sowie Lilien und Funkien (*Hosta*) sind ideale Partner. Koloniebildende Großfarne wie *Woodwardia unigemmata* überwachsen leicht mittelgroße horstbildende Arten, wie Schildfarne und viele feingliedrige Farnarten. Entfernen Sie aber die Jungpflanzen, die sich an den Wedelspitzen (Brutknospen) gebildet haben, können Sie auch konkurrenzschwächere Arten als Nachbarn auswählen, zum Beispiel den metallisch blaugrünen Schildfarn *Polystichum xiphopyllum*. Zudem erhalten Sie Material für weitere Flächen und zur Abgabe an Pflanzeninteressierte. Zur Ausgestaltung kann *Astilbe chinensis* var. *davidii* die opulente Farngesellschaft durchwandern. Im Hintergrund verstärken Rodgersien, Weißwurz (*Polygonatum*), *Dysosma versipellis* und *Tafelblatt* (*Astilboides*) das urwüchsige Bild. Feuchte geneigte Bereiche und vertikale Lagen eignen sich auch zur Verknüpfung kleinerer Arten wie Goldfarn (*Coniogramme*), Kleinen Mondsichelfarn (*Polystichum caryotideum*), *Polystichum mayabarae* und *Dryopteris lepidota*. Tuffsteinbruch und durchlässige Auflagen und Spalten können Sie mit dem Moosfarn *Selaginella mollendorffii*, Kletterfarnen und *Adiantum venustum* bewachsen lassen. Interessant wird es, wenn Blütenpflanzen in das Mosaik eingebracht werden, wie zum Beispiel blaue Lerchensporne (*Corydalis flexuosa*) und Tibet-Orchideen.

Die Chinesische Birke (*Betula albosinensis*) beeindruckt mit einer farbintensiven Rinde. Die Farbübergänge können in Weiß-, Rosa- und Karamellnuancen insbesondere die Wirkung einer Herbstszenerie verstärken. Auch das Herbstlaub dieser bis –23 °C winterharten Art ist attraktiv.

**Texturtapete aus *Begonia grandis, Tricyrtis macranthopsis, Epimedium* und *Hosta* im Sommer.**

# TEXTURTAPETEN

Entlang steiler Wegränder treten in regenreichen Monsun-Gebirgen artenreiche Staudengesellschaften auf, die sich aufgrund regelmäßiger Rodungen des Geländes erhalten. Gehölze werden entfernt oder am Grund abgeschnitten. Die Elfenblume *Epimedium fargesii*, *Liriope*, Orchideen, Lilien, Ingwergewächse, Primeln und Enziane finden hier eine Nische. Das Grundgerüst besteht häufig aus Sauergräsern, Farnen und Moosen. In Steingärten, Mauerbereichen und an abschüssigen Gehölzrändern lassen sich solche natürlichen Gemeinschaften vorbildlich übernehmen – vorausgesetzt die Partner sind in ihrem Konkurrenzverhalten und ihren Lebensfaktoren aufeinander abgestimmt. In ihrem Wuchsverhalten und Ausbreitungsdrang können sich Gartenpflanzen von ihrer Lebensweise am Naturstandort unterscheiden. Die Pflanzen sind weitaus geringeren dynamischen Prozessen ausgesetzt, ihre natürlichen Wachstumsbedingungen nur annähernd erfüllt. Einige Arten entwickeln sich verhalten, andere werden zu verdrängenden Konkurrenten. Die Angleichung der natürlichen Bedingungen mit Kulturempfehlungen und Erfahrungswerten ist eine wichtige Voraussetzung, um dauerhafte Lebensgemeinschaften im Garten nachzuempfinden. Es lohnt sich, die Entwicklung der Pflanzung regelmäßig zu beobachten, zu beurteilen und regulierend einzugreifen. Oft gestalten sich die Hand- und Eingriffe bei häufigeren Pflegeintervallen zunehmend extensiver und weniger sichtbar.

Ähnlich wie Farngewächse können sich auch Blütenpflanzen mit ihrem gesamten Habitus bogenförmig herabhängend aus Felstaschen, Böschungen, Hanglagen und Mauerfugen im Gelände exponieren. *Tricyrtis macranthopsis*, eine Krötenlilie, die auf der japanischen Insel Honshu Wände in Wasserfallnähe besiedelt, kann in einer Grundfläche aus Winterharter Begonie (*Begonia grandis*) und Füllern wie Japangras (*Hakonechloa*), Ramie (*Boehmeria*), Funkien (*Hosta*) und horstig wachsenden Elfenblumen grüne Wände (*Living Walls*) bilden. Eingesprenkelte Lilien (*Lilium auratum*, *L. hansonii*), *Arisaema thunbergii* subsp. *urashima* oder *Zingiber mioga* ergänzen das Thema mit unterschiedlichen Laubtexturen, die einer floralen Tapete gleicht. Der starke Ausbreitungsdruck von *Begonia grandis* muss regelmäßig eingedämmt werden, um so die Nachbarpflanzen ohne großen Aufwand wieder herauszuarbeiten. Die Pflanzen lassen sich leicht aus dem Boden ziehen. Der Wechsel von frischem Aufwuchs, später Blüte und Herbstlaub macht die Art in jeder Hinsicht effektvoll. Die gelben Glocken der Krötenlilien öffnen sich erst spät. Sie sind im Inneren rötlich gefleckt. Häufig stehen die Blüten noch offen, wenn das Laub schon vergilbt. Ordnet man die Krötenlilie tuffweise in einer weiträumigen Hanglage an, ergibt sich ein spektakuläres Gesamtbild, das einem natürlichen Vegetationsbild nahekommt.

**Im Herbst strecken sich die Begonien und die Krötenlilie und erblühen. Der überhängende Wuchs der Krötenlilie kann in einer Hanglage in rhythmischer Wiederholung fortgesetzt werden.**

Der bizarre Feuerkolben *Arisaema franchetianum* im Lichtspiel.

*Roscoea purpurea* fo. *rubra*, *R. auriculata* und der klimmende Eisenhut *Aconitum hemsleyanum*.

## EXOTISCHE STAUDEN

Aronstabgewächse verstärken mit tropischen Laubformen und bizarren Blütenständen die exotische Wirkung asiatischer Pflanzungen. *Arisaema*-Arten können in mittelhohe Farngemeinschaften einfließen. Insbesondere schließen sie durch die teils frühe Blüte Ende April und Mai Lücken, die durch den späten Austrieb, zum Beispiel von Ingwergewächsen, lange offen geblieben waren. *Arisaema franchetianum* entwickelt riesenhafte, glänzende Laubblätter, ihr detailreicher Blütenstand wirkt hingegen elegant und raffiniert. Mit der Vielfalt der Blütenstandmodelle lassen sich die Pflanzungen dekorativ gestalten. Auch die Blattformen sind variantenreich: Das gattungstypische Blatt ist dreigelappt, zum Beispiel bei *Arisaema ringens*, *A. amurense* und *A. griffithii*; palmblattähnliche bzw. radförmig angeordnete Fiederblätter finden sich in der *A. erubescens*-Verwandtschaft, z. B. bei *A. ciliatum*. Die auffälligen Fruchtstände ziehen im Spätsommer und Herbst den Blick auf sich. Mit orangen und feuerroten Beeren an klobigen Kolben (Spadix) leuchten die Fruchtstände fernwirkend. Ausgesprochen dekorativ sind die Laubblätter der Eidechsenwurz *Sauromatum giganteum*, die mit dem breitblättrigen Süßgras *Phaenosperma globosum* harmoniert. Besonders tropisch wirkt die Stinkende Titanenwurz (*Amorphophallus konjac*) in der Pflanzung. Sie entwickelt riesenhafte Fiederblätter. Mit 1,50 bis 2 m breiten Spreiten laden sie weit aus. Der Blattstiel ist auffällig gefleckt. *A. konjac* kann in milden Regionen unter Schutz im Freien überdauern oder über Winter als Topfpflanze trocken im Keller lagern und im Frühjahr ausgepflanzt werden.

Lange lanzettliche Laubblätter sind in der Familie der Ingwergewächse verbreitet. Sie wirken im Hochsommer lichtdurchflutet besonders attraktiv. Zudem treten sie im Herbst, wenn das Laub einzieht, mit bunten Karamellnuancen in Erscheinung. Ihre Blüten sind orchideenähnlich und bei einigen Arten kräftig ausgefärbt. *Cautleya spicata*, *Hedychium densiflorum* und Mioga-Ingwer (*Zingiber mioga*) können zwischen lichten Gehölzen flächig die Räume füllen, Wegränder säumen oder solitär über niedrigen Pflanzen stehen. Beachten Sie das unterschiedliche Wuchsverhalten: *Hedychium densiflorum* und *Cautleya* wachsen horstig,

In *Hedychium densiflorum* verbinden sich exotische Farbe und tropisch-dynamischer Wuchs. Diese gestalterischen Attribute von Monsunpflanzen werden im westlichen Steingarten des Frankfurter Palmengartens thematisiert

**Links und rechts: Bei *Codonopsis lanceolata* ist sowohl die Blüte als auch die Frucht dekorativ. Zwischen den Blüten des Gesneriengewächses *Hemiboea subcapitata* wirken die Fruchtstände exotisch-verspielt.**

die japanischen Herkünfte von *Zingiber mioga* hingegen breiten sich flächig über Rhizome aus. Für diese Mioga-Ingwer kommen nur konkurrenzstarke Partner in Frage. Diverse Sorten und Auslesen von *Zingiber mioga* sind schwachwüchsiger und können mit konkurrenzschwächeren Pflanzengruppen vergemeinschaftet werden. Zwischen mittelhohen und kleineren Pflanzengruppen sind Ingwerorchideen (*Roscoea*) und *Cautleya gracilis* die bessere Wahl. Die meisten *Roscoea*-Arten sind erstaunlich frosthart. Die orchideenähnlichen, endständigen Blütenstände erscheinen ab Juni, teils bis in den Frühherbst hinein. Einige Arten besiedeln in Yunnan und Sichuan sowohl Waldränder als auch subalpine Lichtungen und alpine Matten – somit können Sie sie auch im Garten in solche Vegetationsthemen einbauen. Sie wirken besonders authentisch, wenn sie am Rande lichter Kiefern in offene Flächen auslaufen oder umgeben von Naturstein in verschachtelten Matten wachsen.

Lichtschattige Felstaschen, Felsspalten und Natursteinmauern sind geeignete Standorte, um seltene Pflanzengruppen luftfeuchter Felssituationen mit außergewöhnlichen Blütenfarben und -formen zu platzieren. Gesneriengewächse, blaue Lerchensporne, Orchideen der Gattungen *Pleione* und *Calanthe* und Tigerglocken überraschen mit saisonalem Farbspiel und unkonventionellem Blattwerk. Zu den robustesten und blühfreudigsten blauen Lerchenspornen zählen *Corydalis elata* und seine Hybriden. Sie entwickeln auf dauerfeuchten, aber durchlässigen, mineralisch-humosen Böden breite Verbände, die sich mit niedrigen benachbarten Pflanzen arrangieren. Winterharte Gesneriengewächse gibt es wenige, bedingt winterharte Arten jedoch einige. Die Vielfalt innerhalb der Familie der Gesneriengewächse ist in den Monsungebieten ausgesprochen hoch und so lohnt es sich, mit diesen Juwelen in naturnahen Situationen zu experimentieren. *Lysionotus pauciflorus* ist ein niedriger Halbstrauch, der sich in Felsspalten besonders bewährt hat und ebenso auf tiefgründig

*Corydalis elata* gehört zu den robustesten und stattlichsten blauen Lerchenspornen.

Das Gesneriengewächs *Lysionotus pauciflorus* in einer nachempfundenen Felsspalte.

durchlässigen Felstaschen in der Absonne (heller kühlfeuchter Standort ohne Hitzestress) gedeiht. Die weißen gloxinienartigen Blüten sind violett gestreift. *Epimedium fargesii*, *Roscoea schneideriana* und *Liriope minor* sind stimmige Partner, die nicht dazu neigen Nachbarn zu verdrängen.

*Hemiboea subcapitata* bildet fleischige, an der Oberfläche kriechende Rhizome aus. Die Blätter sind breitelliptisch und von einer gewissen Sukkulenz, die ihr auf Felsstandorten, wo das Wasser schnell abzieht, einen Vorteil verschafft. Sie wird bis zu 50 cm hoch und blüht erst spät ab Ende September mit großen weißen Röhrenblüten. Sie kann als Solitär auf einem Sims stehen oder aber auch das Unterholz von Rhododendren flächig durchwandern. Interessante Nachbarn können kletternde *Codonopsis*-Arten sein, die sich durch die Pflanzen winden und aus ihr herausblühen. *Codonopsis lanceolata* bildet große Glockenblüten mit einer detailreichen Zeichnung im Blüteninneren. Ihre sternartigen Fruchtstände sind attraktiv. Kletterstauden finden sich auch bei den Erdrauchgewächsen (Fumariaceae); auch *Dactylocapnos macrocapnos*, ein gelbes Tränendes Herz, überwächst mittelhohe Stauden und kleine Sträucher. Besonders apart erscheinen die gläsernen Sprosse mit gelben Blüten über dem Borstigen Schildfarn (*Polystichum setiferum*).

*Lilium sargentiae* hängt sich in das Texturspiel von Gebirgs-Wurmfarn (*Dryopteris wallichiana*) und Farnblättrigem Lerchensporn (*Corydalis cheilantifolia*).

Hochstaudensituation mit Herzförmiger Aralie (*Aralia cordata*).

## DYNAMISCHE EFFEKTE

Um mit Klettergehölzen ein naturnahes Bild zu erreichen, können Sie alte abgestorbene oder absterbende Gehölze wie Rhododendren mit Geißblatt- (*Lonicera*) und *Ampelopsis*-Arten, Rehders Waldrebe (*Clematis rehderiana*), Chinesische Jungfernrebe (*Parthenocissus henryana*) oder mit Kletterstauden (*Dactylocapnos*, *Aconitum*) über- oder durchwachsen lassen. *Ampelopsis* entwickeln sich in einer Vegetationsperiode sehr schnell und fruchten auch nach einem zeitigen tieferen Zurückschneiden auf 1,50 m Länge. Ihre blauvioletten Töne wirken ausgesprochen exotisch.

*Aralia cordata* bildet imposante Pflanzenkörper aus. Sie kann halbschattige Hochstauden-Aspekte, Dickicht, Gewässerränder und Hintergründe effektvoll ausfüllen und ausleuchten. Breite, an dicken Schäften angeordnete Fiederblätter und endständige, rispenförmige weiße Blütenwolken machen diese Pflanze zu einer attraktiven Großstaude, die durch jahreszeitliche Qualitäten (Fruchtschmuck, Herbstfärbung) strukturstark Wildnis verkörpert.

Ein üppig subtropisch geprägtes Bild zu erschaffen, gelingt mit Gehölzen, deren Belaubung den typischen Formen und Texturen tropischer Gewächse gleicht. Auffällige Blattformen zeigen Araliengewächse der Gattungen *Schefflera*, *Aralia*, *Fatsia* und *Tetrapanax*, ebenso das Malvengewächs *Firmiana simplex* (Sonnenschirmbaum) und Mahonien. Diese können Sie mit Bambus, Hortensien, Sasquana-Kamelie (*Camellia sasanqua*), großlaubigen Rhododendren, zum Beispiel *R. calophytum* und *R. magnificum*, zu einem attraktiven Gerüst arrangieren. Binden Sie nun bereits erwähnte Arten wie *Zingiber mioga*, *Cautleya spicata*, *Woodwardia* und *Tricyrtis*-Arten mit ein und ergänzen mit Dreiblatt (*Trillium*), *Aspidistra elatior*, *Lilium henryi* und verschiedenen asiatischen Epimedien, Herzförmiger Aralie (*Aralia cordata*) und Zehrwurz-Sorten (*Colocasia*), erhalten Sie ein berauschend dynamisches Bild, das dem Wildstandort nahekommt.

Im Dschungelgarten von Andreas Wiedmaier wurden die Möglichkeiten, ein subtropisches Ambiente mit bedingt winterharten und verlässlich harten Pflanzen ausdrucksstark herauszubilden, voll ausgeschöpft. Die Pflanzung strahlt exotische Authentizität aus und lässt Raum für unzählige Details, ohne überladen zu wirken.

Wiesen sind Lichtfänger. Im Morgenlicht zeigt sich die Leuchtkraft dieser Gebirgswiese in vollem Glanz.

# GRASLANDSCHAFTEN

Frühsommerlicht. Frischgrün leuchten satte Kulturwiesen feinsegmentiert aus der Ferne. Hahnenfuß-Blüten massenhaft in Buttergelb. Die dunklen Blütenstände des Wiesenknopfes heben sich kontrastreich vom dunkelgrünen Grundton eines Seggenrieds ab. Der aufkommende Wind drückt die Gräserverbände nieder, zerzaust und durchkämmt das Grün. Abendlicht am Waldrand. Fruchtende Straußgräser, *Phleum* und Disteln. Das gleiche Spiel am Morgen. Ein reizvoller Gedanke, solche Szenerien auch im Garten zu inszenieren ...

# TROCKENRASEN UND WIESEN

Graslandschaften gehören zu den großflächig landschaftsprägenden Vegetationstypen der Erde. Kulturlandschaften werden von intensiven und extensiven Wirtschaftswiesen bestimmt. Ursprüngliche, extensiv bewirtschaftete Wiesen bzw. Rasengesellschaften sind oft Rückzugsgebiete für schützenswerte Pflanzenarten (Streuobstwiesen, Trockenrasen in Weinbau-Gebieten). Eine Vielzahl attraktiver Stauden, Zwerggehölze und kleinerer Sträucher entstammt Graslandschaften.

Die großen Steppengebiete der Erde und ihre Randbereiche gehören zum Verbreitungsgebiet bekannter und robuster Gartenstauden. Die Zentralasiatische Steppe und die Nordamerikanische Prärie sind die größten Steppen der Nordhalbkugel. Mit der Pannonischen Steppe und regionalen Trockenrasen reichen die Elemente der Steppe bis nach Mitteleuropa. Zudem wanderten auch Felsheide-Arten der wärmeliebenden mediterranen Flora nach Mitteleuropa ein. Je nach Bodentyp und Klima können diese Elemente Trocken- und Halbtrockenrasen-Gesellschaften angehören, die ausgesprochen artenreiche Blütenpflanzengemeinschaften bilden und für Insekten wichtige Nahrungsquellen bereitstellen (z. B. Lippenblütler, Flockenblumen, Diptam und Mannstreu-Arten). Sie können zudem reich an Geophyten und Orchideen sein.

Wichtige gartenwürdige Grasarten der Trockenrasen sind Echtes Federgras (*Stipa pennata*), Haar-Federgras (*S. capillata*), Gelbscheidiges Federgras (*S. pulcherrima*), Alpen-Raugras (*S. calamagrostis*), verschiedene Schwingel (*Festuca*) und Schillergräser (*Koeleria*), *Carex humilis*, *Sesleria albicans* und Östliches Wimper-Perlgras (*Melica ciliata*). Viele remontierende Stauden sind mit ihnen am Standort vergemeinschaftet.

Artenreiche Grasgesellschaften treten nicht nur auf trockenen Böden auf, sondern auch auf frischen, wechselfeuchten, dauerfeuchten und nassen Böden. Durch Trockenlegung und Eutrophierung gehören magere Nass- und Moorwiesen zu den besonders gefährdeten Lebensräumen im Flachland. Es lohnt sich, Lebensbereiche im Garten dafür vorzusehen. Kälberkropf-, Pfeifengras-, Sumpf-Dotterblumen- und Wiesenknopf-Knöterich-Wiesen sind nur einige Beispiele, die zeigen, mit welchen Zeigerpflanzen auch dort saisonale Blüheffekte erreicht werden können. Eine gewässernahe Feuchtwiese mit Gewöhnlicher Schachblume (*Fritillaria meleagris*) und Echter Schlüsselblume (*Primula veris*) wirkt im Frühling grazil und farblich perfekt abgestimmt. Das Bild auf Seite 78 zeigt massenhafte Bestände violetter und weißer Schachblumen. Das Wiesenprofil wurde mit einer Tonschicht undurchlässig gemacht, ebenso der Bachlauf, der in einen Weiher mündet. Ausgedehnte Wollgras-Wiesen sieht man in Gartenanlagen selten, dabei ist die Anlage unkompliziert. Mit einer Teichfolie lässt sich eine Feucht- oder Moorwiese einfach herstellen. Gesellt man nun die Kuckucks-Lichtnelke (*Lychnis flos-cuculi*) dazu, ist die Wirkung durch Massenblüte und wollige Fruchtstände phänomenal.

**Grünkontraste und Bewegung am Ufer des Silser Sees im Ober-Engadin. Die Gräser und Gehölze beugen sich dem Wind und entfachen eine kraftvolle Stimmung.**

Wiesenknopf-Wiese mit leicht tänzelnden Blütenständen der Wiesen-Glockenblume (*Campanula patula*) in Graubünden.

Die Ästige Graslilie (*Anthericum ramosum*) bestimmt einen Trockenrasen bei Karlstadt.

Wiesensteppe auf Löß auf 1700 m im Chon-Kemin-Tal in Kirgisistan mit *Salvia deserta*, *Achillea asiatica*, Haar-Federgras (*Stipa capillata*), Echtem Labkraut (*Galium verum*), Kahler Katzenminze (*Nepeta nuda*), Gewöhnlichem Tüpfel-Johanniskraut (*Hypericum perforatum*), Gewöhnlichem Dost (*Origanum vulgare*), *Galatella canescens* und *Centaurea adpressa*.

Restaurierte Hochgras-Prärie in der Grigsby Prairie bei Illinois (USA) auf nährstoffreichem, sandiglehmigem Boden mit den typischen Aspektbildnern wie Kompasspflanze (*Silphium laciniatum*), Harziger Becherpflanze (*Silphium terebinthinaceum*), Später Indianernessel (*Monarda fistulosa*), Nickendem Präriesonnenhut (*Ratibida pinnata*), Prärieampfer (*Parthenium integrifolium*), Yuccablättrigem Mannstreu (*Eryngium yuccifolium*), Gambagras (*Andropogon gerardii*), Indianergras (*Sorghastrum nutans*) und Ruten-Hirse (*Panicum virgatum*).

Feuchtwiese mit der Gewöhnlichen Schachblume (*Fritillaria meleagris*) im Botanischen Garten, Frankfurt am Main.

Angesäter Halbtrockenrasen mit Bocksbart (*Tragopogon*) und Wiesen-Salbei (*Salvia pratensis*) im Palmengarten, Frankfurt am Main.

Pflanzung eines Kalkmagerrasens im Botanischen Garten Frankfurt am Main mit Hirschwurz (*Peucedanum cervaria*) am Rande eines Speierlings (*Sorbus domestica*).

Trockenrasen mit Graukontrasten mit Feld-Mannstreu (*Eryngium campestre*) und Sanddorn (Botanischer Garten, Frankfurt am Main).

# VEGETATIONSELEMENTE DER STEPPE

Der Begriff Steppe ist ein Sammelbegriff, der in erster Linie baumlose Graslandschaften und niedrige lockere Strauchgesellschaften umfasst. Diese treten großflächig in weiten Ebenen auf, können sich aber auch in montanen Regionen befinden. Die unterschiedlichen Ausprägungen von Steppe auf der Nordhalbkugel zeigen klimatische Gemeinsamkeiten, können sich jedoch zum Beispiel im Hinblick auf die Verfügbarkeit von Wasser im Vegetationsrhythmus unterscheiden. Im Vergleich mit den südhemisphärischen Steppengebieten werden klimatische und pflanzensoziologische Unterschiede der Steppen noch deutlicher. Kontinentale Steppen der Nordhalbkugel sind durch kalte Winter und warme Sommer gekennzeichnet. An Schnittstellen von Steppe mit Halbwüsten und Wüsten, küstennaher Vegetation und mediterranen Gebieten wird deutlich, wie heterogen die Ausprägungen von Steppengebieten sein können. Steppen entstehen meist im Regenschatten hoher Gebirgsketten, so wie die Entstehung der eurasischen Steppe von den Bergketten des Kaukasus bis zum westlichen Himalaya beeinflusst wurde und

**Die Steppenanlage im Palmengarten Frankfurt am Main zeigt typische Arten der heimischen Trockenrasen und Steppenelemente Osteuropas in verdichteter gestalterischer Umsetzung.**

die nordamerikanischen Prärien von den Rocky Mountains. Das Klima in Steppengebieten kann stark variieren (Bone et al., 2015). Auf feuchte Jahre folgen oft aride Jahre. Viele Pflanzen sind daher anpassungsfähig – eine wichtige Voraussetzung für die Gartentauglichkeit und den Einsatz in der Freiraumplanung..

In der Verwendung im Garten und im öffentlichen Grün sind Steppenpflanzen gestalterisch und pflegetechnisch ausgesprochen wertvoll und sehr beliebt. Das Gartenbild fasst die aspektbildenden Eigenschaften von Steppenausprägungen zusammen und betont und verdichtet sie. Der Zierwert der formen- und blütenreichen Stauden wird innerhalb einer grasbetonten Grundfläche hervorgehoben und lässt mannigfaltige effektvolle Kombinationen zu, die saisonal von großer Wirkung sein können. Kombiniert man die unterschiedlichen Ausprägungen von Steppe, so lassen sich Blühfenster verlängern und Steppenanlagen abwechlungsreich gestalten. Im Zuge der spürbaren Klimaveränderungen werden Steppenpflanzen zunehmend eine Schlüsselrolle für Lösungsansätze im öffentlichen Grün einnehmen.

**In der Nordamerikanischen Prärie-Pflanzung des Palmengartens wurden Elemente der *Tall Grass*- und *Mixed Grass*-Prärie über Ansaat etabliert.**

# MEDITERRANE VEGETATIONSBILDER SÜDEUROPAS

Mediterrane Landschaften hatten schon immer, nicht erst seit den Impressionisten, eine kontemplative und entspannend inspirative Wirkung auf den Menschen. Man taucht ein in eine Umgebung, in der das Licht spielt und die Zeit einer anderen Taktung zu unterliegen scheint. Goethe, Hesse, Monet und Cézanne waren verzaubert von der Ausstrahlung, der Atmosphäre und den Bildern des Mittelmeergebietes. Es sind Landschaften, die berühren und etwas mit uns geschehen lassen.

Mediterrane Vegetationselemente treten seit Jahrtausenden stellenweise auch in Mitteleuropa auf. Die natürliche Besiedelung von mitteleuropäischen Nischen wie Trockenrasen und Felssteppe – beispielsweise mit Gewöhnlicher Schmerwurz (*Tamus communis*) oder dem Apenninen-Sonnenröschen (*Helianthemum appeninum*) – zeugt von Wanderbewegungen im Rhythmus der Klimaveränderungen. Auch der Einfluss der Römer war nicht unerheblich für die Ausbreitung von Mittelmeerpflanzen (zum Beispiel Wein und der Schmalblättrige Doppelsame *Diplotaxis tenuifolia*).

Der Blick über das Alpenmassiv führt schrittweise in eine vertraute und doch so ganz andere Pflanzenwelt – ein floristischer und ästhetischer Hotspot. Das Leben dort hat sich an die Zyklen

**Landschaftsimpression einer Brache im Nachmittagslicht (Alghero, Sardinien).**

**Strukturen in der Trockenzeit: *Euphorbia dendroides* in der Ruhephase Ende Juli (Monte Nai, Sardinien).**

von Winterfeuchte und Sommerdürre angepasst. Für den Reisenden ein Auftanken in Extremen.

Mediterrane Pflanzen wurden schon früh gärtnerisch genutzt (zum Beispiel die Feigen-Kultur im Schloss Sanssouci in Potsdam). Seit den 1980er-Jahren sind das Graue Heiligenkraut (*Santolina chamaecyparissus*) sowie diverse Sorten von Lavendel (*Lavandula angustifolia*) und Rosmarin (*Rosmarinus officinalis*) als Standardpflanzen in Hausgärten und Parkanlagen weit verbreitet. Zur gleichen Zeit entstanden auch groß angelegte Pflanzungen nach natürlichen Landschaftsvorbildern, aspekt- und effektbetont oder auch geobotanisch orientiert. Botanische Gärten in Deutschland beziehen traditionell mediterrane Pflanzen als zusätzlichen Schwerpunkt mit ein, besonders Doldenblütler, Disteln, Euphorbien und Igelpolster.

Mediterrane Pflanzen bergen bei uns auch Potenzial bezüglich des Klimawandels. Im Dürre-Jahr 2018 bewiesen sich einige Pflanzengruppen des Mittelmeeres in Deutschland als regelrechte Favoriten. Sie konnten ihre natürliche Angepasstheit ausspielen und legten in anhaltender sommerlicher Trockenheit an Wachstum zu.

**Beeindruckende Strandvegetation vor der Silhouette eines Küsten-Waldes mit Stranddistel (*Eryngium maritimum*) und Dünen-Trichternarzisse (*Pancratium maritimum*).**

## KÜSTE UND HÜGELLAND

Die thermophilen Regionen des Mittelmeergebietes reichen von der Küste bis in Höhen um 600 m. Nur wenige Pflanzenarten dieser Zone erfüllen die Voraussetzungen für eine dauerhafte Kultur in klimamilden Regionen Mitteleuropas. Fehlende Winterhärte und Nässeempfindlichkeit begrenzen die Möglichkeiten. Dennoch gelingt besonders im geschützten Stadtklima die Kultur von einigen typischen Aspektbildnern wie Stranddistel (*Eryngium maritimum*), Currystrauch (*Helichrysum italicum*), Zwergpalme (*Chamaerops humilis*), Kork-Eiche (*Quercus suber*), Olive (*Olea europaea*) und Pinie (*Pinus pinea*). Durch Einsenken von Kübelpflanzen und die Verwendung von einjährigen Füllpflanzen, wie zum Beispiel Strahlendolde (*Orlaya*) und Mariendistel, lassen sich von Mai an ausdrucksstarke Kulissen schaffen.

Die Kontraste silbrigen Laubes, die Konturen strukturstarker Pflanzen, das Licht und die Stille sind es, die den Wunsch nähren, Gestalt, Raum und Ästhetik mediterraner Vegetationsaspekte zu erfassen, das gespeicherte Lebensgefühl in den Garten einfließen zu lassen und Stimmungen zu inszenieren. Strände, Kieferngürtel, Macchien, Olivenhaine und Felder: Die flirrende Nachmittagshitze lässt Farben verschwimmen, Schatten und Licht spielen mit der Landschaft. Selbst degradierte Landschaften, Sekundärvegetation und Brachland berühren und laden dazu ein, die sommerliche Ruhephase der Vegetation, ihre Schönheit, auch in reduzierter Gestalt, zu ergründen, Anpassungen zu verstehen und Details und Feinheiten wahrzunehmen.

**Blütenwolken des Ätna-Ginsters (*Genista aetnensis*) Mitte Juli auf 800 m im Südosten Sardiniens. Zistrosen (*Cistus*), Raue Stechwinde (*Smilax aspera*), *Daphne gnidium* und Westlicher Erbeerbaum (*Arbutus unedo*) gehören zu den Begleitpflanzen in dieser Höhenstufe.**

## GEBIRGSVEGETATION

Je nach Breitengrad treten in den höheren Lagen der Mittelgebirge (bzw. den mittleren Höhen der Hochgebirge) Pflanzengemeinschaften auf, die weniger schutzbedürftig sind und im Weinbauklima zuverlässig über den Winter kommen, wie Westlicher Erdbeerbaum (*Arbutus unedo*), Stein-Eiche (*Quercus ilex*), Ätna-Ginster (*Genista aetnensis*), Schmalblättrige Steinlinde (*Phillyrea angustifolia*), diverse Zistrosen, *Origanum* und Euphorbien. Das Vegetationsbild mittlerer Gebirgshöhen wird überwiegend durch sekundäre Waldgesellschaften und Felsheide geprägt. Gräser sind in der Felsheide reich vertreten. Eines der elegantesten ist *Ampelodesmus mauritanicus*, eine Art die schon im küstennahen Macchia-Gürtel auftritt und nahe des Puig Majors, der höchsten Erhebung Mallorcas, in über 800 m Höhe verbreitet ist. Aufgrund der geringen Winterhärte ist dieses Gras in mitteleuropäischen Gärten kaum zu finden. Selektionen aus Populationen der höchsten Verbreitungsgebiete könnten jedoch eine Möglichkeit bieten, härtere Auslesen zu gewinnen. *Ampelodesmus* ist ein Lichtfänger mit bogig ausladenden Fruchtständen. Das Pyrenäen-Riesenfedergras *Stipa gigantea* verfügt über die gleichen visuellen Qualitäten und toleriert Tiefsttemperaturen bis −23 °C (Winterhärtezone 6).

In den Gebirgen der spanischen Sierra Nevada reicht der Stein-Eichen-Kiefern-Wald bis auf 1900 m Höhe. Hier wird die klimatische Spanne zur thermophilen Zone deutlicher; zusätzlich zur sommerlichen Hitze und Trockenheit spielt Kälte im Winterhalbjahr eine Rolle. Je höher eine Felsheiden-Gesellschaft

*Ampelodesmus mauretanicus* ist das prägende Horstgras der Sierra Tramontana auf Mallorca. In der Ferne ist der Stein-Eichen-Wald erkennbar.

auftritt, umso häufiger finden sich Arten, die für den Garten eine bedingte bis gute Winterhärte vorweisen. Zudem ist ihre Trockenheitsresistenz ausgeprägt, was sie für trockenste Standortbedingungen im Garten und öffentlichen Grün prädestiniert. Arten der Dornenpolster-Fluren wie *Astragalus granatensis*, Igelginster (*Erinacea anthyllis*), *Vella spinosa* und insbesondere Igelpolster (*Acantholimon*-Arten) sind für tiefgründig-schottrige Gartenstandorte geeignet. Ihre architektonische Gestalt mit kontrastreicher Belaubung kann in Gruppen angeordnet sonnige Hanglagen, Mauern und Freiflächen strukturieren und dabei bizarr wirken. In der Natur können sie ganze Bergflanken bestimmen oder mit knorrigen Zwergstrauch-Gesellschaften, niedrigen Flockenblumen, Reiherschnabel (*Erodium*), Sonnenröschen, Gamander (*Teucrium*), Disteln, niedrigen Gräsern und Grasnelken verschachtelt sein. Je weiter wir in subalpine und alpine Höhen vordringen, umso gedrungener werden die Pflanzen. Tiefe Wintertemperaturen, Schneedruck und eine hohe Einstrahlung sind hier vorherrschend. In den Hochlagen gewährleistet Schmelzwasser das Wachstum. Solange es verfügbar ist, wachsen die Pflanzen zügig und blühen, fruchten und schützen sich mit unterschiedlichen Anpassungen vor Verdunstung.

Felsheide mit *Lavandula lanata*, *Salvia oxyodon*, *Thymus mastichina*, *Santolina chamaecyparissius* und Rosmarin in der westlichen Sierra Nevada am Stausee des Rio Genil, Spanien.

Die iberische Unterart des Flausch-Federgrases (*Stipa pennata* subsp. *iberica*) im Abendlicht der Sierra Nevada.

Dornenpolsterflur mit *Astragalus granatensis* subsp. *granatensis*, Igelginster (*Erinacea anthyllis*) und Gewöhnlichem Phönizischem Wacholder (*Juniperus phoenicea*) auf 2000 m Höhe in der spanischen Sierra Nevada.

Übergang in die subalpine Zone mit dem Greiskraut *Senecio boissieri*.

# VON GRASLANDSCHAFTEN UND MEDITERRANER FELSHEIDE

## BOTANISCHER GARTEN WÜRZBURG

Als im Jahre 2005 die ersten Pflanzen auf der 3500 m² großen Fläche ihren Pflanzplatz fanden, durfte man gespannt sein. Im Zentrum des Botanischen Gartens Würzburg entstand eine bemerkenswerte Steppenanlage, die unterschiedliche Vegetationsformen der nordamerikanischen Prärien thematisiert. Die Anlage bildet heute mit dem lokalen Mainfränkischen Trockenrasen und einer imposanten mediterranen Felsheide-Landschaft die zentrale Gartenachse eines ausgeklügelten Gesamtkonzeptes. Dieses Konzept ermöglicht dem Gartenbesucher einen Einblick in die pflanzengeografischen und ökologischen Ausprägungen von Graslandschaften und ihrem Übergang in Fels-, Strauch- und Wald-Gesellschaften.

Von einer monumentalen Trockenmauer aus lässt sich die Ausdehnung der Felsheide erfassen. Sie erstreckt sich über 1030 m². Ein schmaler Pfad führt durch das steile Gelände unmittelbar an den attraktiven Dornenpolstern vorbei.

Vorhergehende Seite:
Dynamische Blütenkombinationen Ende Juni in der Prärieanlage. Trockenheitsresistente Präriepflanzen verankern sich in dem mit gebrochenem Kies gemulchten Boden tief. Stattliche *Yucca*, orangefarbene Seidenpflanzen (*Asclepias tuberosa*), Sonnenhut und *Dalea* leuchten mit kräftigen Blütenfarben aus der *Mixed Grass*-Prärie heraus. Außergewöhnlich ist der Blattschmuck des Prärie-Kürbis *Curcubita foetidissima*, der die Gräser niederliegend durchwächst.

Die mediterrane Felsheide mit wärmeliebenden Pflanzen der mittleren und subalpinen Lagen mediterraner Gebirge ist aufgrund der klimatisch begünstigten Lage des Gartens in dieser komplexen Ausführung und Artenvielfalt eine weltweite Besonderheit. Dornenpolsterfluren leuchten im oberen Drittel der Hanglage kontrastreich und prominent aus der hellen Kalkschuttauflage heraus. Sie sind mit typischen Sträuchern und Stauden nach geografischer Herkunft vergesellschaftet: *Astragalus granatensis* subsp. *granatensis*, *Erinacea anthyllis*, Abschreckender Ginster (*Echinospartum horridum*) und Spanischer Ginster (*Genista hispanica*), die zu den westlichen Arten der Dornenpolsterfluren gehören, und Arten der Gattung *Acantholimon* (Igelpolster) aus dem Balkanraum. Oberhalb schließt der Mainfränkische Trockenrasen an das Areal an. Diese besonders hitze- und trockenresistente Pflanzengemeinschaft setzt sich aus Steppenarten, submediterranen und präalpinen Arten zusammen. Von hier aus kann man die Prärieanlage überblicken, die ab Mitte Juni bis in den Herbst mit saisonalen Farbwechseln beeindruckt. Die verschiedenen ökologischen Themenfelder sind durch Geländemodellierung, Artenvielfalt und harmonische Übergänge ausdrucksstark und facettenreich gestaltet.

Die Diversität der Anlagen bedingt einen großen Insekten- und Vogelreichtum. Das reichhaltige Angebot an Blüten und Fruchtständen bietet nicht nur Futterquellen, sondern auch Überwinterungsnischen und Nistplätze, was eine nachhaltige Etablierung von Tierarten und die Bildung von ökologischen Nahrungsketten ermöglicht.

**Die mediterrane Felsheide geht auf dem angrenzenden Plateau in den Mainfränkischen Trockenrasen über und bietet einen Einblick in die lokale Trockenrasen-Vegetation des nördlichen Würzburger Raums. Der Ursprung der Pflanzung entstammt der Natur. Ein nahe gelegener Trockenrasen stand durch angehende Baumaßnahmen kurz vor der Zerstörung. Dem Botanischen Garten gelang es im Jahre 1974, den Trockenrasen zu transplantieren und in gleicher Formation wieder aufzupflanzen. Aufgrund abweichender Standortfaktoren zum ursprünglichen Habitat entwickelte sich der Trockenrasen mittelfristig zu einem Halbtrockenrasen.**

Blick auf die mediterrane Felsheide mit Dornenpolsterflur im oberen Drittel. Der Untergrund des Hangs besteht aus einer anstehenden Lössbodenschicht, die mit lokalem Muschelkalkschutt gemulcht wurde. Das Steife Igelpolster (*Acantholimon acerosum*) blüht rosa-violett aus der Polstergemeinschaft heraus.

Weiße Blütendolden von *Laserpitium gallicum*, *Echinospartum horridum* und Silbergraues Steinkraut (*Alyssum argenteum*) in kräftigem Gelb und kontrastierende Sträucher und Gräser treten aus dem Kalkschutt hervor.

Zum Gesamtkonzept gehören nicht nur die wertvollen Außenanlagen, sondern auch tropische Gewächshäuser, ein Mediterranhaus und ein Gebirgspflanzenhaus, in dem anspruchsvolle und seltene Polsterpflanzen kultiviert werden. Ein weiterer Schwerpunkt der Gewächshaus-Sammlungen sind Geophyten, unter anderem Vertreter der Gattungen *Cyclamen*, *Crocus*, *Fritillaria*, *Narcissus* und knollenbildende *Iris*, darunter schwer zu kultivierende *Iris*-Arten der Halbwüsten Vorderasiens und der Steppen Zentralasiens. Die Pflanzen stehen ganzjährig in einem Folienblock, der sie vor Nässe und übermäßiger Kälte schützt. Die Schwerpunkte der Geophyten-Sammlung spannen wiederum einen Bogen zu den artenreichen Graslandschaften und Felsfluren des Gartens.

Die Symbiose aus präziser und ansprechender Didaktik und einer gärtnerischen Umsetzung auf höchstem Niveau stützt die universitäre Lehre und öffentliche Bildungsarbeit des Botanischen Gartens. Die Bildungsarbeit verknüpft Vorausschau und Nachhaltigkeit, die den Garten besonders angesichts des weltweiten Artensterbens, des Klimawandels und vielseitiger Umweltprobleme auszeichnen. Angehende Lehrende erhalten im Garten die Möglichkeit, didaktische Konzepte im Rahmen von Führungen und weiteren Veranstaltungen vorzubereiten und durchzuführen – eine wichtige Grundlage dafür, auch Kinder für die Natur zu begeistern und ihr Wissen zu nähren.

Rechts oben: Im Juni stehen viele Blütenpflanzen der mediterranen Felsheide in Hochblüte. Junkerlilien, Salbei, Gamander, Lotwurz und Lavendel gehören zu den vielen Bienenweiden. Das Bild zeigt Wald-Ginster (*Genista sylvestris*), Türkische Lotwurz (*Onosma taurica*), Echten Salbei (*Salvia officinalis*), Goldquirl-Garbe (*Achillea clypeolata*), *Scutellaria orientalis* und *Verbascum lagerus* in feiner Blütenabstimmung. Im Bildhintergrund stehen typische Vertreter Südosteuropas wie Balkan-Glockenblumen, Sonnenröschen, Fingerkräuter und Moltkien in den Ritzen der 4,50 m hohen Trockenmauer.

Am Fuße der Hanglage bilden Syrisches Gliedkraut (*Siderites syriaca*), Flügelkopf (*Pterocephalus perennis*), *Erodium chrysanthum* und Felsen-Fetthenne (*Sedum rupestre*) eine attraktive Gemeinschaft im Kalkschutt.

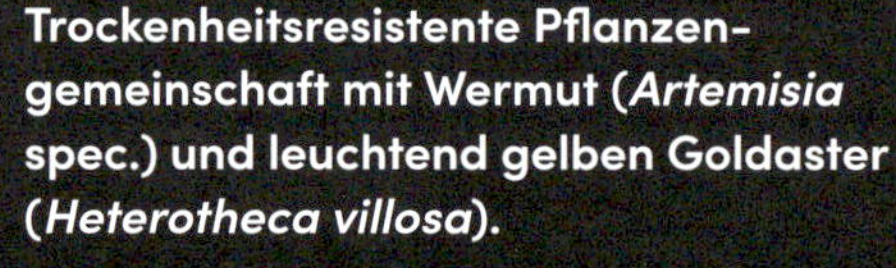

Trockenheitsresistente Pflanzengemeinschaft mit Wermut (*Artemisia* spec.) und leuchtend gelben Goldaster (*Heterotheca villosa*).

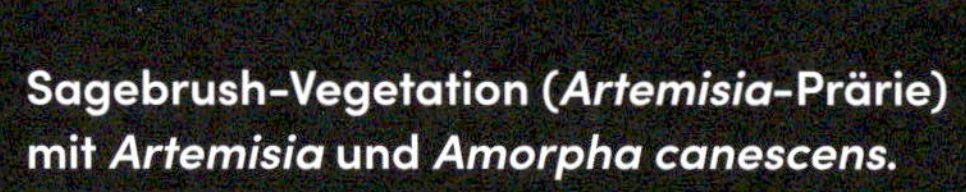

Sagebrush-Vegetation (*Artemisia*-Prärie) mit *Artemisia* und *Amorpha canescens*.

Sandpfannen wurden sehr detailgetreu nachempfunden. Verschiedene Bartfaden- und Seidenblumen-Arten und die gelben Polster von *Heterotheca* bilden mit niedrigen Gräsern ein gelungenes minimalistisches Ensemble.

# VEGETATIONSBILDER DER SÜDHALBKUGEL

Ferne Welten in südlichen Breiten; die Landschaften sind vielfältig. Sie strahlen eine raue, windbeherrschte Exotik mit kühlen Farben und Kontrasten aus und können gleichermaßen durch tropisch wirkende Blütenfarben und -formen und bizarre extravagante Konturen faszinieren. Das folgende Buchkapitel führt uns nach Chile, Argentinien, auf die Falklandinseln, in die südafrikanischen Drakensberge und nach Neuseeland und Australien. Die Vegetationsaspekte dieser beeindruckenden Regionen können als Inspiration für ausdrucksstarke Gartenbilder dienen.

# SÜDAFRIKA / STANDORTBEOBACHTUNG IN DEN DRAKENSBERGEN

Die monumentalen Hochebenen der Drakensberge werden von weiten Graslandschaften bestimmt. Viele Pflanzenarten, die schon lange Einzug in unsere Gärten hielten und mit exotischen Signalfarben das Sommerhalbjahr ausleuchten, sind Teil dieses artenreichen Ökosystems. Eingebunden in ein abenteuerliches Landschaftsbild mit außergewöhnlichen Habitaten lassen sich bekannte Gartenpflanzen in ihrer Lebensweise verstehen. Lassen Sie sich von der ästhetischen Schauwirkung der natürlichen Pflanzengemeinschaften der „Drachenberge" inspirieren!

Die Pflanzenwelt Südafrikas gehört zu den weltweit artenreichsten. Das südliche Afrika zählt gleich mehrere floristische Hotspots. Der Tafelberg und das weite Namaqualand ziehen zur Hochblüte viele naturinteressierte Reisende an. Einen weiteren Hotspot bilden die Drakensberge am Ostkap. Hier finden sich die meisten Pflanzenarten, die sich für eine dauerhafte Freilandkultur in Mitteleuropa eignen. Ein Grund dafür ist die potenzielle Winterhärte vieler Hochgebirgsarten und ihre Anpassungsfähigkeit an den Vegetationsrhythmus der Nordhemisphäre.

Der Tafelberg und der Südwesten von Südafrika liegen in einem Winterregengebiet. Die lange Gebirgskette der Drakensberge hingegen steht unter dem Einfluss von Sommerregen. Sie bildet in nordsüdlicher Richtung eine Barriere für die Wolkenmassen, die im Sommerhalbjahr vom Indischen Ozean herangetragen werden, vergleichbar mit dem Rhythmus des asiatischen Monsuns. Im Winter kann es auf den über 3000 m hoch gelegenen Plateaus empfindlich kalt werden. Die Winterniederschläge, insbesondere in Lesotho und Kwa Zulu-Natal, sind gering – ein Faktor, der in der Gartenkultur südafrikanischer Pflanzenarten von Wichtigkeit ist. Wasserabzug im Winterhalbjahr ist entscheidend für den Kulturerfolg. Die Liste der in Kultur verbreiteten Pflanzen aus dem Gebiet der Drakensberge ist groß und durch züchterische Bearbeitung sind einige Gattungen sortenreich; exotische Signalfarben sind weit verbreitet.

Die Entstehung der 1000 km langen Gebirgskette reicht in den Jura zurück. Gewaltige vulkanische Aktivitäten führten zur Überlagerung des ursprünglichen Sandsteinmassivs mit Basaltmassen, die ein atemberaubendes Relief von Hochplateaus, Zerklüftungen und tief eingeschnittenen Flusstälern entstehen ließen. Die östlichen Maloti-Berge Lesothos und die nördlichen und südlichen Drakensberge Kwa Zulu-Natals bilden das alpine Zentrum des Gebirgsmassivs. Die höchste Erhebung ist der Gipfel des 3482 m hohen Thabana Ntlenyana in Lesotho, der mit dem 3450 m hohen Mafadi in Kwa Zulu-Natal sein Gegenstück findet. Lesotho und Kwa Zulu-Natal sind über den 2874 m hohen Sani-Pass verbunden, der mit einer botanischen Schatzkammer aufwartet.

Zwischen 2000 und 3000 m Höhe wird das Gebirgsmassiv von einer baumlosen Graslandschaft dominiert. Rotschopfgras (*Themeda triandra*) sowie *Merxmuellera*-Arten sind auf dieser Höhe die wichtigsten bestandsbildenden Gräser. Sie bilden das Habitat für attraktive Blütenpflanzen mit unterschiedlicher Gestalt und Standortanpassungen, darunter viele Geophyten. Herausragend und farblich fernwirkend gehören Fackellilien (*Kniphofia*) zum bestimmenden Bild. Viele Arten sind an sommerfeuchte Standorte gebunden, die stattlichsten Arten zählen dazu. *Kniphofia northiae* zum Beispiel besiedelt sommerfeuchte bis -nasse Wiesen, Bachläufe und Wasserfälle, sie wächst entlang von Sickerlinien und in Felszwischenräumen. Ihr Habitus ähnelt dem einer grünen Trichterbromelie, ihr Blütenstand ist opulent.

**Vorhergehende Seite: Die vielgestaltige Gattung *Aciphylla*, Speergras, gehört zu den Doldenblütlern und tritt in den Neuseeländischen Alpen besonders artenreich auf.**

***Senecio macrospermus* in den Weiten der Drakensberge Lesothos.**

Die Art kann bis zu 1,70 m hoch werden. Sie kann gemeinsam mit der graublau belaubten spätblühenden *K. caulescens* auftreten. Letztere bildet auf feuchten Hängen Massenbestände aus. Ähnlich konzentriert bestimmen Bestände von *K. linearifolia* stellenweise das Wiesenbild. Auch kleinere Vertreter der Gattung wachsen auf feuchten, sumpfigen Stellen, wie zum Beispiel *K. thodei*. Ihre Blütenstände sind pfirsichfarben-weiß segmentiert. *Kniphofia hirsuta* und *K. stricta* sind in grasigen Felstaschen und an steinigen Hanglagen zu finden, Letztere auf trockeneren Böden. Grazil und kleinblumig zeigt sich die weiße *Kniphofia breviflora*.

Massenvorkommen von Pflanzenarten mit Signalfarben, wie den Fackellilien, sind ausgesprochen dekorativ und fernwirkend. Es gibt eine Reihe von Gattungen, die in den Drakensbergen flächendeckend auftreten und mit exotischer Farbwirkung herausstechen. Bachläufe und sumpfige Lagunen werden vom Spaltgriffel (*Hesperantha coccinea*) in mittleren Höhen um 1800 m bestimmt. Im Ufersaum von Bachläufen, in feuchtem Grasland, an sickerfeuchten Felswänden und im Spritzwasser von Wasserfällen trifft man die Kapfuchsien *Phygelius capensis* und *P. aequalis* an. Sie gefallen mit hängenden Trompetenblüten mit

Fackellilien können am Naturstandort in großen Populationen auftreten: *Kniphofia linearifolia* besiedelt sommerfeuchte Wiesen und Uferzonen.

einer auffälligen Innenzeichnung. Während man die 1 m hohen, in Magenta blühenden Blütenstände von *Phygelius aequalis* vornehmlich in Höhenlagen um 1200 bis 2200 m antrifft, kann die stattliche orangeblühende *Phygelius capensis* Standorte bis auf 3000 m besiedeln.

Zu den grazilen, grasartigen Gewächsen gehören die Trichterschwertel (*Dierama*). Es gibt hohe bogig ausladende Arten und mittelhohe aufrechte Horste mit wenig gebogenen Blütenständen, an denen wie an einem seidenen Faden, die großen Trichterblüten herabhängen. Die Farben können von weiß bis zartrosa über kräftig pink bis weinrot und dunkelviolett erscheinen. Die hohen Arten wehen sanft im Grasland und verkörpern sinnbildlich das Bild von Weite im Landschaftsgefüge. Die mittelhohen Arten *Dierama pauciflorum* und *D. trichorhizum* können in sumpfigen Senken dichte Blütenbänder in Nachbarschaft zu den erwähnten hohen Fackellilien ausbilden. In feuchten bis sumpfigen Rinnen in Hanglagen und an Ufersäumen finden sich große Blattschmuckstauden, wie Zantedeschien (*Zantedeschia albomaculata*), das Mammutblatt *Gunnera perpensa* und die 1,20 m hohe *Anemone fanninii*, die durch ihr großes gebuchtetes Laub besticht.

Montbretien, *Watsonia pilansii*, *Moraea huttonii* und *Gladiolen*-Arten treten am Wildstandort ebenfalls in Wiesen-Gesellschaften auf, sind aber auch an Felsnischen und -rändern zu finden.

Zu den auffälligsten Korbblütlern in den Wiesen bachlaufnaher Hanglagen und Felsrändern gehört die Gattung *Berkheya*. *Berkheya purpurea* hat in der Gartenkultur mittlerweile Bekanntheit erlangt und überzeugt mit einer guten Winterhärte.

Niedrige Wald- und Strauchgesellschaften aus Steineibe (*Podocarpus*), *Polylepis*, *Leucosidea* und Sommerflieder (*Buddleja loricata* und *B. salviflolia*) finden sich in den Drakensbergen in Geländeeinschnitten unterhalb 2000 m, wie Bach- und Flusstäler, Canyons und Hanglagen. *Protea drakensbergensis* und *Leucosidea sericea* bilden in Höhen über 2000 m Savannen und Buschland aus. Viele Gehölze dieser Zonierungen sind silbrig belaubt, mit attraktiven Blatttexturen. Der Otterbossie-Strauch (*Gomphostigma virgatum*) bildet mit seiner kontrastbildenden silbrigen Belaubung einen Blickfang im Ufergeröll der Überschwemmungszonen der Flüsse und Bäche. Die schwunghaft

***Berkheya purpurea*** **auf einem Basaltfelsen in den Drakensbergen Lesothos mit der Laugenblumen-Art *Cotula socialis* und Goldmargerite (*Euryops*). Die Art tritt auch auf Felsplateaus und im Grasland auf. Aufgrund der breiten Standortamplitude kann sie im Garten vielseitig verwendet werden. Sogar in Trögen kann sie sich dauerhaft behaupten.**

Grau-silbrige Belaubung neutralisiert intensive Farben und ordnet Pflanzungen. Die Vegetationsaufnahme zeigt Kontrastbildner und Konturen in diffusem Licht. Eine Inspiration für die gestalterische Umsetzung (Sani Pass).

ausladenden Äste des bis 2 m hohen und nadelig belaubten Strauchs sind im Hochsommer mit weißen Rachenblüten besetzt.

Die steilen Felswände der hohen Drakensberge bilden je nach Wasserführung und Himmelsrichtung eigene Ökosysteme. Exponierte trockene Felsplateaus, Felstaschen und Schuttfelder mittlerer Höhen werden von Sukkulenten geprägt. Die Nationalpflanze Lesothos, *Aloe polyphylla,* ist noch auf 2500 m Höhe zu finden. Sie ist streng geschützt und nur schwer in Kultur zu erhalten. Kulturwürdiger und überraschend winterhart sind einige Arten der Gattung *Delosperma* (*Mittagsblumen*). *Delosperma lavisae,* eine violett blühende Art, findet sich vom Tal bis auf die Gipfelplateaus.

In den grasbewachsenen Hanglagen der steilen Felsen können auch zahlreiche Geophyten dominant auftreten. *Nerine bowdenii* und Sommerhyazinthen (*Ornithogalum regale* und *O. viridiflorum*) sowie Gladiolen besiedeln derartige Standorte. Bemerkenswert ist *Gladiolus cardinalis* mit feuerwehrrot-weiß segmentierten Blüten. Sie wächst an atemberaubenden steilen Felsstandorten im Bereich von Wasserfällen.

Die Hochplateaus des Ostkaps sind geprägt von einem Wechsel alpiner Felsgesellschaften, niedrigen Horstgras-Gesellschaften (*Merxmuellera drakensbergensis*) sowie Heide- und Moorlandschaften. Das Potenzial der dort vorkommenden Pflanzengemeinschaften ist groß, jedoch kaum in den hiesigen Pflanzensortimenten vertreten. Es gibt *Erica*-Arten und Orchideen der Gattung *Disa* und *Satyrium*, die aufgrund ihres Höhenvorkommens winterhart sind.

**Attraktive Gemeinschaften aus Strohblumen (*Helichrysum flanaganii*) und *Craterocapsa congesta* können sich im Polsterverband auf exponierten Felsen behaupten.**

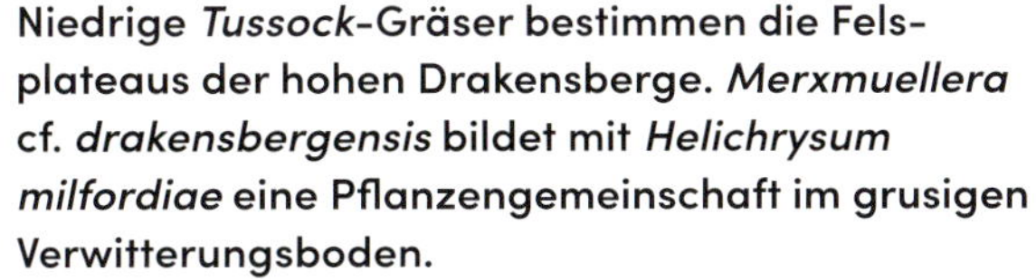

**Niedrige *Tussock*-Gräser bestimmen die Felsplateaus der hohen Drakensberge. *Merxmuellera* cf. *drakensbergensis* bildet mit *Helichrysum milfordiae* eine Pflanzengemeinschaft im grusigen Verwitterungsboden.**

# DIE DRAKENSBERGE IM GARTENBILD

## FRANKFURTER PALMENGARTEN

„Die exponierte Hanglage war geradezu prädestiniert für eine Interpretation einer fernwirkenden Massenblüte mit exotischen Signalfarben."

Die Fackellilie *Kniphofia northiae* entwickelt breitbelaubte Rosetten mit wuchtigen Blütenständen.

*Berkheya radula* hat einen schmalen Wuchscharakter und lässt Raum für einen lockeren Übergang zu den Mittagsblumen.

Vorhergehende Seite: *Kniphofia caulescens* blüht im Palmengarten Mitte September. Die Fruchtstände der *Berkheya*-Arten lassen mit der ausklingenden Fackellilien-Blüte eine frühherbstliche Stimmung aufkommen.

Wie lassen sich die intensiven Blütenfarben der Drakensberg-Flora in einem Gartenbild in Einklang bringen? Ein Umsetzungsbeispiel im Frankfurter Palmengarten veranschaulicht, wie sich durch den Einsatz von Kontrastbildnern und der gezielten Anordnung von Strukturpflanzen die Schauwirkung südafrikanischer Gebirgspflanzen bis in den späten Herbst erhält. Dekorative und effektvolle Blütenpflanzen der Graslandschaften wurden fernwirkend miteinander kombiniert und verlängern die klassische Blütezeit des Steingartens um viele Wochen.

Im Jahre 2012 wurde der erste Abschnitt der langen Hangzunge des Steingartens im Frankfurter Palmengarten bepflanzt. Die Schauwirkung und Vielgestaltigkeit der Fackellilien wurden in besonderem Maße bei der Pflanzplanung berücksichtigt und insbesondere zur Blütenstaffelung, Kontrast- und Gerüstbildung eingesetzt. Fackellilien sind ausgezeichnete Strukturpflanzen. Der regelmäßige Rosettenaufbau und die lineare Belaubung sind grasähnlich, sodass sie annähernd wie Horstgräser verwendet werden. Durch unterschiedliche Laubfarben, Blattspreiten, Höhe und Blütezeit ist die Gattung vielseitig einsetzbar. Von April/Mai

**Gegen Ende Juni steht das Südafrika-Schaubeet des Frankfurter Palmengartens in Hochblüte. Hohe Trichterschwertel-Arten (*Dierama*), Kapfuchsie (*Phygelius capensis*), *Gomphostigma virgatum*, *Berkheya*-Arten und *Watsonia pilansii* treten aus der Ferne in Erscheinung. Die strukturbildenden Eigenschaften der grasartigen Pflanzen, zum Beispiel *Dierama pendulum* und *Kniphofia northiae*, werden in dieser Aufnahme deutlich.**

bis Ende September lassen sich die Arten in einer Pflanzung staffeln. Einige Sorten blühen sogar bis in den Spätherbst hinein. Aufgrund ihrer ordnenden Eigenschaften harmonieren Fackellilien besonders mit aufrechten schlanken Wiesenpflanzen. Das bei vielen Arten und Sorten kontrastierende Laub lässt Raum für Signalfarben anderer Gattungen.

Die Stängelbildende Fackellilie (*Kniphofia caulescens*) fungiert in der Pflanzung aufgrund ihres stattlichen Habitus und einer auffälligen Kontrastwirkung als dominantes Element in regelmäßiger Flächenverteilung. Die stattliche Art hat in Frankfurt am Main überzeugt. Da zum Zeitpunkt der Planung das ursprünglich gewünschte südafrikanische Horstgras *Themeda triandra* nicht zur Verfügung stand, wurde das Gerüst mit den 1 m breiten Rosetten dieser erst zum Sommerausklang blühenden Fackellilie gesetzt. Um eine Graslandschaft anzudeuten, wurde die asiatische Varietät *Themeda triandra* var. *japonica* alternativ in das Bild mit eingebracht. Die Art verträgt im Juni einen Rückschnitt um die Hälfte und wächst dann zügig weiter, sodass im Herbst zwar die Blüte ausbleibt, sie aber in der Höhe und Ausfärbung der afrikanischen Art entspricht. Als südafrikanisches Gras wurde an den felsbetonten Flanken des Beetes *Harpechloa falx* einbezogen. Das Gras wächst mit 40 cm Höhe kompakt und ähnelt im Blütenstand den nordamerikanischen Moskitogräsern.

**Verschiedene Mittagsblumen in trockener Hanglage unter einer Eibenkrone: *Delosperma* 'Fire Spinner', *D. karooensis* 'Graaf Reinet' und *D. cooperi*.**

Neben *Phygelius*-Arten, zahlreichen *Dierama*-Arten, *Watsonia*, *Ornithogalum* und *Gomphostigma virgatum* wurden sechs Vertreter der Gattung *Berkheya* als Begleitstauden eingeplant. *Berkheya purpurea* blüht zart violett, *B. cirsifolia* reinweiß. Beide Arten bilden einen stachelig bewehrten aufrechten Habitus aus. Ihre breiten Blütenkörbe messen im Durchmesser 10 cm und sind mit langen Zungenblüten besetzt. Ähnlich im Aufbau, jedoch gelb blühend, wurden *Berkheya multijuga* und *B. macrocephala* verwendet. Einen eher lockeren Füllstaudencharakter besitzt die schlanke zitronengelbe *B. radula*. In den Felstaschenbereich wurde *B. rhapontica* einbezogen, die sich im Wuchs von den vorgenannten Arten unterscheidet. Sie bildet glänzende, breite und elliptische Rosettenblätter aus. Ihr entspringt ein kerzenförmiger Schaft, an dem die Blüten an kurzen Stielen von unten nach oben angeordnet sind. Sie wird nur 40 bis 60 cm hoch und besiedelt in der Natur kurze Rasen. Bemerkenswert sind nicht nur die Blüheigenschaften und der Habitus während der Vegetationsphase, sondern ebenso die vergängliche Wirkung der Fruchtstände. *Berkheya purpurea* und *B. cirsifolia* eignen sich daher auch für herbstliche Aspekte, insbesondere eingebunden in die Herbstfarben der *Themeda*-Horste und die Graukontraste des Rachenblütlers *Gomphostigma virgatum*.

Durch Verdichtung der ästhetischen Blüten- und Kontrasteffekte und Ordnung durch strukturgebende Pflanzenkörper wird ein saisonaler Höhepunkt in der Pflanzung erreicht, der schwunghaft-dynamisch wirkt. Die intensiven Farben im Hintergrund werden durch kühle Blütenfarben, Grau-Silber-Kontraste und lineare Blattformen beruhigt.

Filigrane Pflanzenarten lockern das üppige Bild blühender Fackellilien und Korbblüten auf, erzeugen Leichtigkeit und grazile Bewegung. Hohe Trichterschwertel-Arten wie *Dierama robustum*, *D. pendulum* und *D. pulcherrimum* streben mit gebogenen Blütenständen nach oben und laden zur Seite aus. Die linearen langen Laubblätter zeigen ebenfalls eine Ähnlichkeit zu Gräsern und setzen einen Gegenpol zu den imposanten *Kniphofia*-Arten. Die hohen *Dierama*-Arten versamen sich reich, hybridisieren im Garten und bilden im Früh- und Hochsommer ein effektvolles Blütenbild. Ihre Blütenstände werden ihrem englischen Namen gerecht: *angels fishing rods*, Angelruten der Engel. Niedrige *Dierama*-Arten tragen weniger ausladende Blütenschäfte: *D. dracomontanum* mit ebenso großen Blütenglocken, *D. igneum* und *D. mossii* mit kleineren, aber attraktiv ausgefärbten Blüten. *Dierama trichorrhizum* und *D. pauciflorum* wachsen auf sommerfeuchten, sumpfigen und anmoorigen Wiesen. In einem abgeleiteten Vegetationsbild könnten Sie beide Arten in einem lockeren Verband im Zentrum einer Pflanzung um *Kniphofia northiae* gruppieren. Der äußere Ring sollte von *K. caulescens* bestimmt werden. Kombinieren können Sie solch ein sommerfeuchtes Biotop mit Tümpeln und Bachläufen – und mit *Gunnera perpensa*, *Hesperantha coccinea* und Kalla (*Zantedeschia aethiopica*).

Die Sommerflieder-Arten *Buddleja loricata* und *B. salviflolia* eignen sich für die Herausbildung von Savannenaspekten; nadelig graues Laub hat *Gomphostigma virgatum*. Die Büsche werden im Garten ungefähr 1,50 m hoch und laden bogig aus. Attraktiv wirken die silbrig-grauen gesägten Fiederblätter des Honigstrauchs (*Melianthus major*) mit den grau behaarten stacheligen Sprossen und dem zarten Violett der Zungenblüten von *Berkheya purpurea*.

Matten der Mittagsblume (*Delosperma*) können über Wochen Steingartenpartien mit leuchtenden Farben bestimmen. Neben den bekannten *Delosperma cooperi* (pink) und *D. nubigena* (gelb) sind die mattenbildenden *D. lavisae* (violett) und *D. basuticum* (weiß) auch in kälteren Zonierungen winterhart. Das Sortiment an Standortauslesen, Natur- und Gartenhybriden ist in den vergangenen Jahren erheblich gewachsen. *D. karooicum* 'Graaf Reinet' stammt nicht aus den Drakensbergen, sondern ist in den Gebirgszügen des Karoo-Beckens bei Graaf Reinet in 1000 bis 1800 m Höhe verbreitet und erstaunlich zäh. Sie blüht strahlend

**Die blühfreudige Strohblume *Helichrysum retortoides* in einer Felsspalte.**

weiß und ist wüchsig, ebenso die Sorte 'Fire Spinner' mit spektakulärer Blütenfarbe.

Die Artenfülle der Strohblumen umfasst Vertreter, die bis in die höchsten Regionen der Drakensberge vordringen. Sie wachsen in Felsspalten, auf schuttreichen Plateaus und zwischen niedrigen *Tussock*-Gräsern. *Helichrysum retortoides* ist noch in 3380 m Höhe zu finden. Sie bildet zahlreiche weißrosa Korbblüten auf gedrungenen Ästchen. Die Polster sind prädestiniert für die Nachempfindung von Felsspalten und Felskuppen im Garten. *Helichrysum milfordiae* und *H. praecurrens* bleiben tellerförmig dicht an den Boden angepresst. Gelbblütig sind *H. basuticum*, *H. aureum* und der Zwergstrauch *H. wittbergense*. Vergesellschaften können Sie die Arten mit *Felicia rosulata*, *Ursinia alpina*, *Haplocarpha*, *Wahlenbergia*, *Cotula socialis* und niedrigen Geophyten, wie *Albuca humilis* und *A. rupestris*, *Rhodohypoxis deflexa* und *R. baurii*. Übergänge zu höheren Wiesenelementen können Sie mit niedrigen Fackelilien (*Kniphofia hirsuta*, *K. galpinii*), *Eucomis*, *Dierama trichorrhizum*, *Ornithogalum viridiflorum*, *Osteospermum jucundum* und *Dimorphoteca caulescens* gestalten. Unterbrechen Sie diese durch große Bruchsteine, erscheint die Überleitung naturähnlich.

Im Abendlicht zeigen sich die Küstenfelsen bei Zapallar, nördlich von Valparaiso, in einem spektakulären Farbenspiel. *Nolana crassulifolia*, *Cistanthe grandiflora* und *Neoportea gibbosa* stehen mit *Eryngium paniculatum* in natürlichen vertikalen Gärten.

# DIE VEGETATION DES SÜDLICHEN SÜDAMERIKAS / VON SANTIAGO ZUR MAGELLANSTRASSE

Die Vegetationszonen Chiles und Argentiniens sind pure Faszination. Ihren ureigenen Charakter zu begreifen, ihre Ausdehnung und Übergänge zu ergründen sowie die Pflanzenarten mit ihren ökologischen Anpassungen und ihrer Einbindung in das Landschaftsbild kennenzulernen, waren die Zielsetzungen für eine botanische Reise. Ausgehend vom mediterranen Chile durchquerte das Reiseteam in nur zweieinhalb Wochen das südliche Südamerika – 4500 km Wegstrecke. Die Pazifikküste bei Zapallar, die Hartlaub- und Trockenwälder der Küstenkordillere und die nahe gelegenen Andenausläufer bei Santiago de Chile bildeten die ersten Etappen einer atemberaubenden Exkursion. Vom artenreichen Maule-Tal führte die Route durch Araukanien, den Valdivianischen Regenwald in Zentralpatagonien und schließlich nach Osten zu den alpinen Andenregionen um Bariloche und der anschließenden patagonischen Steppe. Subantarktische Einflüsse kündigten sich im Nationalpark Los Glaciares an und setzten sich im Gebiet der Torres del Paine bis nach Punta Arenas fort.

Die Dynamik von Zerstörung und Neubesiedlung ist in den südlichen Anden allgegenwärtig, ein ökologisches Schaufenster, in dem sich Klimaphänomene, Geologie und Bodenbildung, Besiedelungsstrategien und die daraus resultierenden floristischen Gemeinschaften facettenreich beobachten lassen. Der Aconcagua als höchster Berg außerhalb Asiens bildet mit dem benachbarten Ojos del Salado (höchster Vulkan der Erde) und den weiter südlich gelegenen Tupungato, San José und Marmolejo den Abschluss einer Kette von 100 Sechstausendern. Mit einer Höhe von 6961 m thront der Aconcagua majestätisch über dem mediterranen Argentinien und Chile. Im südlich gelegenen Patagonien hingegen fallen die Erhebungen insgesamt niedriger aus, sind aber keineswegs weniger spektakulär. Schneebedeckte Kegel aktiver Vulkane prägen besonders das Bild des nördlichen und mittleren Patagoniens. Die weiträumigen Vergletscherungen des nördlichen und südlichen Eisfeldes umgeben ein erhabenes Gipfelpanorama, welches sich bis zu den Torres del Paine erstreckt und dann abrupt abfällt, um sich auf Feuerland mit der Cordillera Darwin erneut zu erheben. Die kurze Distanz von der chilenischen Küste in die chilenisch-argentinischen Hochanden bis zu den östlich der Anden gelegenen Mittelgebirge und ihren Hochtälern zeigt einen frappanten Wechsel unterschiedlichster Vegetationstypen. Während das mediterrane Chile und Argentinien sommerliche Trockenheit erfahren, sorgen vom Pazifik ausgehende hohe Niederschlagseinträge im mittleren und südlichen Patagonien für die Entstehung der bereits erwähnten Gletschermassen sowie für die Ausprägung temperierter Regenwälder und Moorlandschaften. Argentinien liegt überwiegend im Regenschatten der Anden, östlich der Gebirgsbarriere entstanden daher weitreichendes Buschland (Monte-Vegetation), die patagonische Steppe und im Süden eine subantarktische Tundren-Vegetation.

Die hohe Auffaltung der Andenkette und die damit verbundene Isolation des schmalen Küstenlandes Chile und die klimatischen Besonderheiten ließen die Entstehung zahlreicher lokalendemischer Arten zu, z. B. innerhalb der Gattung *Calceolaria* (Pantoffelblumen), den Korbblütlern und Kakteengewächsen. Dennoch gibt es in allen Klimazonen Überschneidungen mit der ebenfalls arten- und endemitenreichen Flora Argentiniens.

**Küstennebel über dem Hartlaubwald der mediterranen Küstenkordillere.**

## VON DEN HONIGPALMEN ZU DEN ARAUKARIEN-WÄLDERN

Die Küstenkordillere Zentral-Chiles reicht mit ihren höchsten Erhebungen durchschnittlich bis in 2000 m Höhe. Das Gestein besteht vielerorts aus Granit. Am Morgen werden die dem Pazifik zugewandten Flanken mit Nebel versorgt. Hier können sich artenreiche Hartlaubwälder erhalten. Die Wälder bestehen unter anderem aus Lorbeergewächsen, Südbuchen (*Nothofagus*), *Quillaja saponaria*, *Escallonia pulverulenta* und *Kageneckia*-Arten. Zu den typischen Kletterpflanzen gehören Arten der Gattungen *Tropaeolum* (Kapuzinerkresse) und *Mutisia*. Die Krautschicht wird von Farnen, Pantoffelblumen und vielen Geophyten bestimmt.

Die Jahresniederschläge im mediterranen Chile betragen etwa 300 mm und fallen vorwiegend zwischen März und Oktober. Im Hochland der Anden sind die Niederschläge erheblich höher, hier aber in Form von Schnee. Während der Trockenzeit ab November profitieren die Pflanzen im nahe der Hauptstadt gelegenen Nationalpark Yerba Loca von Kondenswasser, sowie von der Schneeschmelze und dem Gletscherwasser der höheren Gebirgsareale. Der Fuß des Nationalparks liegt auf 1500 m Höhe. *Fabiana imbricata*, ein der Baumheide ähnelndes Nachtschattengewächs, besiedelt gestörte Hanglagen. Weitere Pioniere sind die nadelige, graubelaubte Pantoffelblume (*Calceolaria segethii*). Sie leuchtet reichblühend in intensivem Gelb auf den steilen Flanken. Unterhalb stehen kräftig orangefarbene Inkalilien (*Alstroemeria ligtu* subsp. *simsii*) mit *Calceolaria thyrsiflora* am Straßenrand. Dreifarbige Kapuzinerkresse (*Tropaeolum tricolor*), *Buddleja araucana* und *Viviania marifolia* bilden mit *Baccharis linearis* und *Kageneckia* den Übergang zu den offenen subalpinen Zonen. Die höheren gletschernahen Regionen erwachen Ende Dezember zum Leben. Niedrige Inkalilien und die Brennwinde (*Caiophora coronata*) gehören in dieser Region zu den botanischen Highlights. Die Strahlungsintensität kann in diesen Regionen schon extrem hoch sein und das, obwohl man sich noch 5000 m unterhalb des 6961 m hohen Gipfel des Aconcagua befindet.

Südlich von Santiago verändert sich zunehmend das Landschaftsbild. Im Nationalpark Radal Siete Tazas geht die mediterrane Klimazone in eine niederschlagsreichere und kühlere Zonierung über. Der klimatische und somit auch floristische Schnittpunkt begünstigte im Gebiet des Maule-Tals die Entstehung eines artenreichen Hotspots. Arten mit einer mediterranen Verbreitung, wie die Geophyten *Pasithea caerulea*, *Conanthera bifolia* und verschiedene Orchideen bilden in dieser Region andere Lebensgemeinschaften wie z. B. an der mediterranen Küste bei Zapallar. Mit der in leuchtendem Pink blühenden Inkalilie *Alstroemeria ligtu* subsp. *ligtu*, der orangefarbenen Orchidee *Chloraea chrysantha* und *Tropaeolum tricolor* säumen sie Wegränder im niedrigen Gras. Die mit den Inkalilien verwandte Gattung *Bomarea* findet sich kletternd im Unterholz von Strauchgesellschaften. *Bomarea salsilla* leuchtet weinrot aus dem Dickicht heraus. Mit zunehmender Höhe dringt man in einen geschlossenen Wald vor, der aus Südbuchen, Steineiben, Chilezeder, Silberbaum- und Lorbeergewächsen gebildet wird. Malerische Karstwände und Schluchten werden von der Bromelie *Fascicularia bicolor*, Pantoffelblumen und Nachtschattengewächsen besiedelt. An sickernassen Lagunenwänden sind die ersten Mammutblätter zu erkennen. Bambus (*Chusquea*) säumt die wilden Flussläufe und bildet mit *Escallonia rubra*, *Colletia ulicina* und *Buddleja globosa* Gemeinschaften. Prominent leuchten die grün überlaufenen cyanblauen Blüten der *Puya alpestris* subsp. *zoellneri* in der Mittagsonne. Die gewaltigen Rosetten der Riesenbromelie stehen Solitär in Wassernähe und sind ebenso an

**An offenen Hanglagen filtern *Alstroemeria hookeri*, Trompetenzunge (*Salpiglossis sinuata*), Glandularien und Horstgräser die Tautropfen aus den Nebelschwaden.**

Im Nationalpark La Campana (nahe Valparaiso, Chile) wird der Trockenwald von der Honigpalme *Jubaea chilensis* (links) gebildet. *Lobelia excelsa* (unten links) gehört zum typischen Unterwuchs der Palmen. Mit zunehmender Höhe und Exposition dominieren Bromelienbestände der Gattung *Puya* und die Kaktee *Echinopsis chilensis*. Die graulaubige *Puya alpestris* subsp. *zoellneri* (rechts) blüht prächtig in Türkis.

**Die Pantoffelblume (*Calceolaria segethii*) umsäumt die Falsche Heide (*Fabiana imbricata*).**

steilen ariden Felswänden anzutreffen. Offene Waldlichtungen sind großen ginsterartigen Eisenkrautgewächsen vorbehalten. *Diostea juncea* steht in flächendeckenden Gemeinschaften vor den schneebedeckten Gipfeln der Gebirgszüge des Maule-Tals. Die Pflanzen wirken durch ihren unbelaubten schmalgliedrigen Aufbau ausgesprochen architektonisch.

Folgt man der Ruta 5 weiter in den Süden öffnen sich nach einigen Stunden vor Temuco die Tore Patagoniens. Von hier ist es nicht weit zum Vulkan Llaima, ein gewaltiger Zwillingsvulkan, der sich im Nationalpark Conguillio befindet.

Ab 900 m Höhe beginnt im Nationalpark Conguillio der Araukarien-Wald. Er befindet sich im flachen Umfeld der Lagune, in die die anliegenden Flanken der Vulkane mit mäandernden Bächen und Flüssen entwässern. An ihren Ufern stehen blühende Nelkenwurze der Art *Geum magellanicum* und Färber-Mammutblatt (*Gunnera tinctoria*). Zusammen mit der mattenbildenden Verwandten *Gunnera magellanica* bewachsen Letztere Inseln im Bachlauf. Überall leuchten Feuerbüsche (*Embothrium coccineum*) aus dem Unterholz und den Bambusbeständen der Gattung *Chusquea* heraus. Auf Lichtungen wachsen Matten des Anden-

Oben und unten: Das Pampasgras *Cortaderia araucana* besiedelt im Conguillio Nationalpark (Region Araucania, Chile) Lavafelder mit meterhoch anstehendem Lavagrus. An den Dränlinien der geneigten Landschaft haben die großen Horstgräser, Bäume wie die Chilezeder (*Austrocedrus chilensis*) und *Lomatia hirsuta*, eine Proteacee, die besten Chancen zu überleben.

polsters (*Azorella trifurcata*), *Baccharis magellanica* und Stachelnüsschen (*Acaena*). *Fragaria chiloensis*, ein Elternteil der Kulturerdbeere, kriecht unter lichten Südbuchenästen und *Berberitzen* hervor. Der Wald geht in den steilen Flanken in einen uralten *Nothofagus dombeyi*-Urwald über. Die gewaltigen Baumriesen erreichen eine Höhe von 50 m, ihr Alter wird auf 500 Jahre geschätzt. Innerhalb dieses Systems wachsen *Azara serrata*, *Desfontainia*, *Gaultheria phillyreifolia* und Winterrinde (*Drimys andina*) im Unterholz.

Im weiter südlich gelegenen Nationalpark Huerquehue nimmt der Anteil an Pflanzen des kühl-gemäßigten Valdivianischen Regenwaldes zu. Die Gesneriaceen *Mitraria coccinea* (Mützenstrauch) und *Asteranthera ovata* wachsen in luftfeuchter Umgebung und die Orchidee *Codonorchis lessonii* steht in feuchten Abhängen mit der kardinalroten *Ourisia coccinea* im Dickicht. Die Dichte an Kletterpflanzen nimmt zu. Während die immergrüne Hortensie *Hydrangea serratifolia* schon an der Schnittstelle von mediterraner und patagonischer Flora auftritt, finden sich hier *das Chileglöckchen* (*Lapageria rosea*), *Campsidium valdiviensis* und *Luzuriaga scandens*. *Blechnum magellanicum* und *Lomatia ferruginea* stehen am Wegesrand. Wie in einer Szenerie aus Jurassic Park tauchen nun in den oberen Höhen gewaltige Araukarien am Rande dreier entlegener Seen auf. Im Unterholz leuchten die orangefarbenen Blüten von *Berberis serrato-dentata* und die Früchte der Gaultherien.

Im Gebiet der Sierra Nevada im Conguillio Nationalpark öffnet sich der Wald auf 1500 m und die Araukarien bestimmen das Bild. Im Verlauf bilden sie mit Südbuche (*Nothofagus antarctica*) den Krummholzgürtel. Die alpine Zone wird Anfang Dezember noch vom Schnee dominiert. Sonnenexponierte Flanken sind bewachsen mit Polstern von *Viola cotyledon*, Krähenbeerenblättrige Berberitze (*Berberis empetrifolia*) und *Greiskraut-Arten*.

Der Feuerbusch (*Embothrium coccineum*) im Araukarien-Wald auf 1300 m Höhe.

Die Andentanne (*Araucaria araucana*) besiedelt mit der Südbuche (*Nothofagus antarctica*) steilste Hanglagen.

Blick von der alpinen Zone auf den Vulkan Llaima.

# ZENTRALPATAGONIEN: VOM VALDIVIANISCHEN REGENWALD ZUR PATAGONISCHEN STEPPE

In Zentralpatagonien nehmen die Niederschläge erheblich zu, Jahresniederschläge zwischen 2000 und 4500 mm sind die Regel und können stellenweise noch übertroffen werden. Daher ist auch Wasser ein bestimmendes Element im Landschaftsbild. Allgegenwärtig ist das Mammutblatt (*Gunnera tinctoria*). An steilen Wänden, wo das Gebirgswasser permanent herabrieselt, können die gewaltigen Stauden vertikale Gärten bilden. Inmitten von grell leuchtenden Moosen, Farnen und winzigen Pantoffelblumen (*Calceolaria tenella*) hängen sie zu Dutzenden an den Flanken. Einer der farbintensivsten und stattlichsten Farne der Region ist *Blechnum cordatum* (Syn. *Blechnum chilense*). Er steht häufig in Gruppen an feuchten Gehölzrändern, Wiesen und Bachläufen. Dort, wo das Sickerwasser die Felsen überzieht, stehen *Mitraria cocinea*, Brautkranz (*Francoa appendiculata*), *Calceolaria crenatiflora* und *Rakaua*, ein Araliengewächs mit typischen handförmigen immergrünen Laubblättern. Auch die Scharlach-Fuchsie (*Fuchsia magellanica*) tritt sehr häufig an Bachläufen in Erscheinung. In den höheren Regionen wachsen *Ourisia ruellioides* an den steilen Wildwassern und die Dotterblume *Caltha appendiculata* blüht im sickernassen Moorboden.

Der Valdivianische Regenwald setzt sich in den Anden auch in mittleren Höhen fort.

Im Nationalpark Puyehue kann man das Unterholz der epiphytenreichen Urwaldriesen bestaunen. Weiße Schalenblüten öffnen sich an starren Ästchen mit ledrigen wechselständigen Laubblättern. Es handelt sich um die einkeimblättrigen Arten *Luzuriaga radicans* und *L. polyphylla*, die häufig an schattigen Stammbasen der Südbuchen herausblitzen. Sie gehören zur

**Das Färber-Mammutblatt (*Gunnera tinctoria*) auf nassen Rieselfluren im Osorno-Gebiet.**

***Blechnum cordatum* bildet farbintensive Wedel aus, die im Licht attraktiv leuchten.**

Ordnung der Lilienartigen und stehen den Inkalilien verwandtschaftlich nahe.

Die klimatischen Bedingungen für die alpinen Andengewächse im mittleren Patagonien sind harsch: kühl und windreich. Mitte Dezember sind auf 2000 m Höhe die Matten und Polster zwar überwiegend vom Schnee freigegeben, die Hauptblüte setzt aber erst um den Jahreswechsel ein. Der Anden-Sauerklee (*Oxalis adenophylla*) und die gedrungen wachsende O. *erythrorrhiza* bilden mit *Ourisia fragrans*, *Oreopolus glacialis*, Nassauvien und rosulaten Violen den ersten Blütenrausch. Am Cerro Catedral im Nationalpark Nahuel Huapi hat man gute Chancen, solche Pflanzengemeinschaften zu entdecken. Die Böden und Auflagen bestehen aus granitischen Blockhalden und sandigen Schutthalden, herausstehenden Felskämmen und angehenden Schotterflächen. *Ourisia fragrans* durchwächst, wie *Primula hirsuta* in den europäischen Alpen, die Felsspalten der Felssolitärs. Am Rande von Schneefeldern stehen im sandigen Feinschutt *Viola sacculus* und *V. columnaris* fast in Reinbeständen. Im abrutschenden kühlen Schutt lässt sich mit Geduld eines der spektakulärsten Hahnenfußgewächse entdecken: *Ranunculus semiverticellatus*, dessen weißrosa gestreifter Blütenkrug wie ein Bonbon wirkt. An ruhigen Schuttlagen kann sich die Vegetation geschlossen ausbilden. Hier stehen graue *Senecio*-Arten und Zwiebeln der Gattung *Tristagma* in Gras- und Krähenbeeren-Gesellschaften.

Folgt man im argentinischen Bariloche der Ruta 40 in Richtung Süden verändert sich das Landschaftsbild frappant. Der Südbuchenwald gelangt an seine äußerste Ausdehnung und bildet gemeinsam mit Chilezeder (*Austrocedrus chilensis*) und dem zunehmenden Buschland Übergänge in die patagonische Steppe.

Die Südbuchen sind hier gedrungen und werden im Unterwuchs von silbrigen Stachelnüsschen der Arten *Acaena sericea* und *A. leptacantha* begleitet. *Diostea juncea*, eine im Wuchs an Ginster erinnernde Verbenacee mit langen violetten Röhrenblüten, *Trevoa patagonica* und *Schinus patagonicus* übernehmen zunehmend das Vegetationsbild und leiten mit *Nassauvia axillaris* in eine immer trockener werdende Region mit niedrigen Matten und zwergstrauchigen Polstern über. In diesen Steppen-Gebieten liegt die durchschnittliche Höhe immer noch zwischen 400 und 800 m. Die Temperaturen können hier im Winter tief sinken. Für den Ort Esquel sind Tiefstwerte um −22 °C gemessen worden. Während der Niederschlag um Bariloche noch bei 650 mm und die Jahresmitteltemperatur bei 9 °C liegt, stellen sich hier zunehmend aride Verhältnisse ein.

Am Fuße des Monte Zeballos nahe dem Lago Buenos Aires befindet sich inmitten der patagonischen Steppe ein floristischer Hotspot. Das Hügelland ist hier von knolligen Vulkanfelsen durchzogen, die von einer sandigen Auflage umgeben sind. Auf ihren Oberflächen sind die Verbenengewächse *Acantholippia seraphioides* und *Junellia caespitosa* sowie der kakteenähnliche Korbblütler *Nassauvia axillaris* gerüstbildend. Austrokakteen (*Austrocactus bertinii*) und gedrungene Solanaceen (*Fabiana foliosa*) ragen stellenweise heraus. *Calceolaria polyrhiza*, die graufilzige *Hypochaeris incana* und *H. hookeri* mit nadeligem Laub erscheinen unterhalb der Felsen. Bachläufe durchfließen die Hügelkette und in ihren Uferzonen finden sich Magellanen-Stachelnüsschen (*Acaena magellanica*), Ampfer (*Rumex crispissimus*), die Teppichlobelie *Lobelia oligophylla* und Hahnenfuß (*Ranunculus peduncularis*). Im Frischwasser bildet *Myriophyllum elaterium*, ein Tausendblatt, einen purpurroten Kontrast.

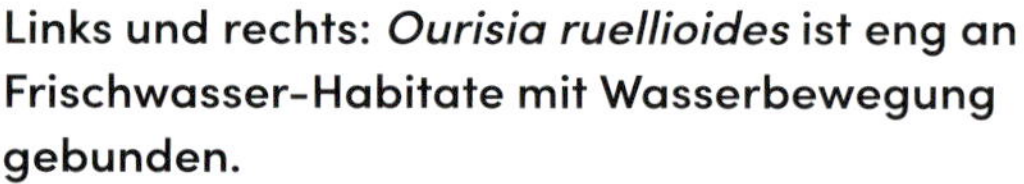

**Links und rechts: *Ourisia ruellioides* ist eng an Frischwasser-Habitate mit Wasserbewegung gebunden.**

Alpine Heide auf dem Cerro Catedral (Nahuel Huapi Nationalpark, Patagonien, Argentinien).

*Ranunculus semiverticillatus* gehört zu den spektakulärsten alpinen Pflanzen des Andenraums. Die Art wächst auf feinschuttreichen, gut durchfeuchteten alpinen Hanglagen.

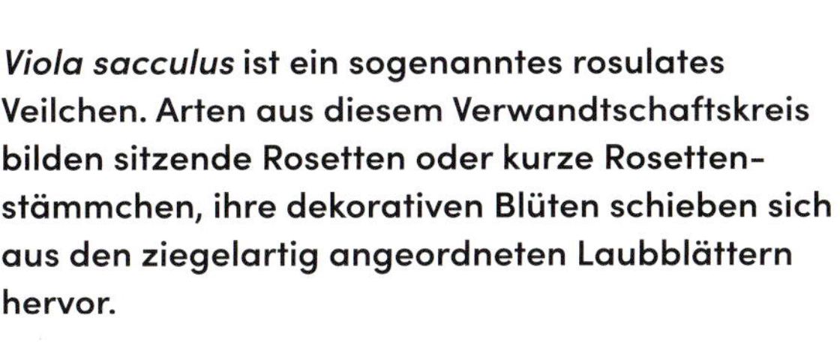

*Viola sacculus* ist ein sogenanntes rosulates Veilchen. Arten aus diesem Verwandtschaftskreis bilden sitzende Rosetten oder kurze Rosettenstämmchen, ihre dekorativen Blüten schieben sich aus den ziegelartig angeordneten Laubblättern hervor.

Weiße Polster mit *Nassauvia juniperina* in der weiten patagonischen Steppe. Die Gattung *Nassauvia* gehört zu den Korbblütlern und ist in vielen Arten in der Steppe, der alpinen Zone und in den subantarktischen Gebieten Südamerikas und der Falklandinseln verbreitet.

**Feuchtgebiet inmitten der ariden *Acantholippia seraphioides*-Steppe. Der Bachlauf entspringt den östlichen Anden im Gebiet des artenreichen Berges Monte Zeballos in der Provinz Santa Cruz, Argentinien.**

# DER RAUE SÜDEN PATAGONIENS

Im Gebiet um El Calafate und den Lago Argentino verändert sich das Klima zunehmend. Der heftige Wind wird noch stärker und kühler und man wundert sich, wie es Kakteen bei diesen Temperaturschwankungen noch aushalten. Graufilzige *Senecio*-Zwergsträucher bilden mit *Mulinum spinosum* ähnliche Kontraste wie mediterrane Santolinen mit Euphorbien. Auf exponierten Plateaus stehen sehr niedrige Fabaceen der Gattung *Adesmia* und mit etwas Glück lassen sich blühende Matten der gelb bis hellviolett blühenden *Petunia patagonica* finden, inmitten kreisrunder Polster von *Junellia odonellii*, deren betörender Duft permanent die Autolüftung durchdringt.

Plötzlich verändert sich der Bewuchs des Weidelandes und leuchtend rote Igelpolster bestimmen das Landschaftsbild. Zwischen den Polstern wehen die Blütenschäfte des Schwertliliengewächses *Olsynium biflorum* im patagonischen Wind. Und endlich finden sich die ersten Exemplare von Darwin's Pantoffelblume (*Calceolaria uniflora*) im sichtlich nährstoffreichen Boden mit lehmig-sandigem Gefüge.

Westlich von El Calafate brechen gewaltige Eisschollen von den Gletschern des südlichen Eisfeldes in die angrenzenden Seen, unter anderem der Perito-Moreno-Gletscher, der zu den größten Gletschern des südlichen Patagoniens gehört. Das Klima ist hier extrem windreich und die Niederschläge fallen unberechenbar. Die humosen Böden im Südbuchen-Wald bieten gute Wachstumsbedingungen für Orchideen der Gattungen *Chloraea*, *Gavillea* und *Codonorchis*. *Polystichum plicatum*, ein Schildfarn, das gelbe Veilchen *Viola reichei* und stattliche *Geum magellanicum* sind mit dem margaritenähnlichen Strauch *Chiliotrichum diffusum* vergemeinschaftet. Und natürlich findet sich hier auch die essbare Berberitze *Berberis microphylla*, spanisch: Calafate, die dem benachbarten Ort den Namen gab. Ständig begleitet vom windgepeitschten Rot der Feuerbüsche gewinnt man hier einen ersten Eindruck von subantarktischen Wetterlaunen.

Vom Nationalpark Los Glaciares sind es Luftlinie nur wenige Kilometer zu den Torres del Paine in Chile, jedoch muss für die Umgehung des gewaltigen Gebirgsmassivs ein ganzer Tag einkalkuliert werden. Das Granitmassiv wird von mehreren Seen umgeben, die den südlichen flacheren Bereich sowohl botanisch als auch geologisch abtrennen. Die Oberfläche des südlichen Nationalpark-Areals ist von nadelig erodiertem Sedimentgestein dominiert. Hier bestimmt *Mulinum spinosum* das Vegetationsbild. Doch in den Beständen des Doldenblütlers verzahnen sich verschiedene Korbblütler, wie *Nardophyllum bryoides*, die filzig behaarte *Leucheria purpurea*, *Perezia recurvata* sowie das Leimkraut *Silene antarctica* und *Acaena integerrima*. Matten und Polster werden von *Azorella* und *Bolax* gebildet und überall lugen die Pantoffelblumen hervor. Zu den detailreichsten Orchideen gehört *Chloraea magellanica*. Sie ist im Gebiet des Lago Pehoe und im westlichen Teil des Parks verbreitet und mit *Gavillea lutea* und *G. luteoglabrata* vergesellschaftet. Dringt man in die höheren Regionen der Torres del Paine vor, kann man auf außergewöhnliche Alpine wie *Hamadryas delphinii* und *Nassauvia lagascae* hoffen.

Westlich und südwestlich der Torres del Paine fördern hohe Niederschlagsmengen die Bildung ausgedehnter Moore. Dem vergletscherten südlichen Eisfeld entspringen Seen, Flüsse und Bäche, die das Umland durchströmen und großflächig vertorfen lassen. Die Magellanischen Moore sind häufig von Gebirgsflanken umgeben, deren Wälder aus *Pilgerodendron uviferum*, *Austrocedrus chilensis*, *Nothofagus betuloides*, *N. antarctica* und *N. pumilio* gebildet werden. Die *Sphagnum*-Moore sind in Bulten und Randbereichen von Binsen (*Marsippospermum grandiflorum*) bewachsen. *Chiliotrichum diffusum* und *Baccharis patagonica* leuchten mit weißen Korbblüten aus den Flächen heraus. Häufig trifft man auf das starre dekorative Sauergras *Oreobolus obtusangulus*. Der Überflutungsbereich wird von einer weiteren grasartigen Pflanze bestimmt: *Tetroncium magellanicum*, deren Fruchtstände wie übereinandergestapelte Pfeilspitzen erscheinen. Das rote *Sphagnum magellanicum* wird von dem kriechenden Myrtengewächs *Myrteola nummularia* und der Seefeder (*Blechnum penna-marina*) durchwachsen. *Drosera uniflora*, der am südlichsten verbreitete Sonnentau, ist an nassen Stellen zu finden. Wo der felsige Untergrund aus dem Boden ragt, harmonieren die verschachtelten Matten von *Gunnera magellanica* und *Blechnum penna-marina* besonders attraktiv mit dem dunklen Gestein.

Federgräser der Gattungen *Jarava und Pappostipa* (ehemals *Stipa*) haben einen großen Anteil am Landschaftsbild Patagoniens und des andinen Südamerikas. Selten sieht man derart außergewöhnliche Kombinationen. Solche Bilder in den europäischen Garten zu übertragen, macht das Fernweh erträglicher. Die Leichtigkeit und Leuchtkraft, die von der Kodominanz des Federgrases und der Pantoffelblume ausgehen, sind beeindruckend. In der argentinischen Provinz Santa Cruz kann man ganze Hügelketten in Gelb getaucht bewundern.

*Anarthrophyllum desideratum*, ein intensiv rot blühendes Dornenpolster.

Im Nationalpark Torres del Paine prägt *Mulinum spinosum* die felssteppenartigen Flanken.

*Petunia patagonica* ist die am südlichsten verbreitete Petunie.

*Calceolaria uniflora* täuscht in der Blüte einen weißen Futterkörper vor, um von einem Zwerghöhenläufer, einer Vogelart, bestäubt zu werden.

Magellanisches Moor mit *Pilgerodendron uviferum*, Binsenflächen mit *Marsippospermum* und ausgedehnte Hochmoorbereiche.

Die Blüten von *Chloraea magellanica* bilden eine detailreiche extravagante Lippe aus.

**Feuchtwiese nahe der Hauptstadt Stanley mit dem Korbblütler *Chiliotrichum diffusum* und der weißen Sumpf-Dotterblume *Caltha sagittata* im mäandernden Bachbett.**

# DIE FALKLANDINSELN / SUBANTARKTISCHER ARCHIPEL IM SÜDATLANTIK

Mount Pleasant, Falklandinseln: Nach 18 Stunden Flugzeit tritt das Relief des subantarktischen Archipels aus der windbeherrschten Wolkendecke hervor. Diffuse Konturen eines rauen, exotischen Landschaftsbildes. Schroffe Felsformationen inmitten unendlich erscheinender Heide- und Graslandschaften. Mit einem Minibus führt der Weg in eine der kleinsten Hauptstädte der Welt: Stanley. Der Blick entlang der Schotterpiste fällt auf dicke *Bolax*-Polster, graue Stachelnüsschen, Rippenfarne und rotfruchtende Krähenbeeren. Am Ortseingang erstreckt sich ein goldenes Meer kniehoher Pampasgräser – *Cortaderia pilosa* der südlichste Vertreter der Gattung. Vor uns der kalte Südatlantik und ein unentwegter harscher Wind.

Der subantarktische Archipel der Falklandinseln liegt 500 km östlich vom argentinischen Festland entfernt. Er besteht aus den beiden Hauptinseln West- und Ost-Falkland und 780 kleineren Inseln. Die Entfernung zu den magellanischen Wäldern erscheint gering, dennoch entwickelten sich auf den Falklandinseln keine Wälder, sondern eine baumlose Tundren-Vegetation. Von den 178 heimischen Arten sind 13 Arten endemisch. Eiszeitliche Klimaveränderungen beeinflussten nicht nur die Ausbreitung der südamerikanischen Pflanzenwelt auf den Inseln, sondern sind auch verantwortlich für eine eindrucksvolle Topografie. Während die Topografie der Inseln im Süden überwiegend flach verläuft und nur stellenweise von Felskämmen und kleineren Auffaltungen unterbrochen wird, durchziehen im Norden eindrucksvolle Gebirgszüge beide Hauptinseln in west-östlicher Richtung.

Devonischer Quarzit und Sandstein sind die dominanten Gesteinsarten auf den Falklandinseln, die vielerorts über Jahrtausende hinweg durch Wind, Wasser und Eismassen zu spektakulären Felsformationen geschliffen und gebrochen wurden. Ausgedehnte Blockhalden– eine eiszeitliche Bildung – prägen über weite Strecken die Oberfläche der Inseln. Sie werden als *Stone Runs* bezeichnet, da sie in gewaltigen Feldern von den Gipfeln der Berge herab lagern und mancherorts bis an die Küste reichen.

Auf den Inseln herrscht ein kühl-ozeanisches Klima, das für milde Winter und verhältnismäßig niedrige Temperaturen während des Sommerhalbjahres sorgt. Die Böden der Falklandinseln sind überwiegend sauer und nährstoffarm. Die kühlen Verhältnisse begünstigen die Bildung von Torf und Podsolen. Auf windexponierten Klippen- und Gebirgsarealen und auf Hanglagen trifft man vornehmlich grusig-lehmige Verwitterungsböden an. Diese extrem windreichen Lagen werden von den steinharten Polstern aus *Bolax gummifera* bestimmt. Die Pflanzen ähneln denen der Andenpolster (*Azorella*), die auch auf den Falklandinseln mit mehreren Arten vertreten sind.

Kilometerweit überziehen Zwergstrauchheiden mit Roter Krähenbeere (*Empetrum rubrum*) und Graslandschaften mit dem niedrigen Pampasgras *Cortaderia pilosa* die Inseloberfläche und verleihen ihr ein einheitliches Erscheinungsbild. Einst dominierte das imposante Tussock-Gras *Poa flabellata* die Küstenvegetation. Brandrodungen und eine massive Schädigung der Bestände durch Weideschafe führten jedoch dazu, dass heute nur noch 19 Prozent der ursprünglichen *Tussock*-Flächen erhalten sind (Broughton & McAdam 2002). Das eindrucksvolle Horstgras wird bis zu 3 m hoch. Es wächst bevorzugt an Dünen, Küstenhängen und Klippen. Die Küstenfelsen der Buchten und Fjorde West-Falklands werden unter anderem von einem Strauch-Ehrenpreis (*Veronica elliptica*) bewachsen. Zu seinen bevorzugten Standorten gehören insbesondere humusarme Felsspalten und steile steinig-lehmige Abhänge. Attraktive Begleitpflanzen von *Veronica elliptica* sind der Südliche Sellerie (*Apium australe*) und die blaublättrigen Süßgräser *Elymus magellanicus* und *Poa allopecurus* sowie die auch auf Neuseeland vorkommende Segge *Carex*

***Gentianella magellanica*, eine südmerikanische Enzian-Art, blüht in einer artenreichen *Cortaderia pilosa*-Graslandschaft (*White Grass*).**

*trifida*. *Calceolaria fothergillii*, eine mit Darwin's Pantoffelblume (*C. uniflora*) nahe verwandte Art, ist ebenfalls in dieser Gesellschaft zu finden, besiedelt aber vornehmlich offene Hanglagen in der Zwergstrauchheide mit *Perezia recurvata*, *Primula magellanica* und *Phlebolobium maclovianum*, einer Verwandten der Gänsekressen. Vielerorts werden die schroffen Klippenformationen von kilometerlangen Sandstränden und Dünenlandschaften unterbrochen. Zu den auffälligsten Pflanzen dieser Regionen zählt ein silbrig graues Greiskraut (*Senecio candidans*). Das kräftige Kraut wurzelt mit langen Pfahlwurzeln im feinen Weißsand und tritt stellenweise in großen schimmernden Beständen auf. An erodierten Küstenhängen trifft man auf *Acaena lucida*, eine feinfiederige Art des Stachelnüsschens mit kompaktem Wuchs. Auch das Magellanen-Stachelnüsschen (*Acaena magellanica*) ist küstennah zu finden. *Nassauvia gaudichaudii*, ein endemischer Korbblütler, verfügt über eine große Windtoleranz. Die zahlreichen cremeweißen Blüten der niedrigen Polster öffnen sich ab Mitte Januar und verwandeln Heideflächen wie auch Felskuppen und Klippen in beeindruckende Blütenmeere. *Nassauvia* kann auch

**Verschachtelte Polstergemeinschaft in der Zwergstrauchheide des Hügellandes mit *Bolax gummifera, Azorella lycopodioides, Abrotanella emarginata, Blechnum penna-marina* und den Heidekrautgewächsen *Gaultheria pumila* und *Empetrum rubrum.***

Miniaturgemeinschaften mit Andenpolstern und dem attraktiven Korbblütler *Perezia recurvata* bilden.

Oberhalb der steilen Küstenhänge schließt eine dichte Heidedecke aus *Empetrum rubrum*, *Baccharis magellanica* und *Gaultheria pumila* an. In diesem kompakten Vegetationsteppich trifft man auf Orchideen und das Schwertliliengewächs *Olsynium filifolium*. Seine purpur geaderten weißen Blütenschalen sitzen auf filigranen, grasartigen Schäften. Die Rippenfarne *Blechnum magellanicum* und *B. penna-marina* (Seefeder), können im Küstengürtel große Bestände bilden. Am Rande der Rippenfarn-Populationen durchziehen feine Rhizome von *Luzuriaga marginata* den torfigen Boden und das anstehende Quarzitgestein. Ihre schalenförmigen weißen Blüten öffnen sich von Dezember bis Februar.

In den Spalten und Fugen der häufig stark erodierten windexponierten Quarzit-Felsen sind es vorwiegend niedrige kompakte Polsterpflanzen, die den extremen Bedingungen im Stein trotzen.

Neben den beschriebenen küstennahen Habitaten gehören auch Moore zu den wichtigen Lebensbereichen der Küste. Die hartlaubigen Polster von *Oreobolus obtusangulus*, eine Verwandte der Seggen, gehören hier zu den effektiven Torfbildnern. Im Gegensatz zu den Magellanischen Mooren führen Torfmoose auf den Falklandinseln nur ein Nischendasein.

Im Entwässerungsverlauf der Heidehügel besiedelt ein attraktiver Strauch aus der Familie der Korbblütler langsam fließende Bäche und Überschwemmungswiesen: *Chiliotrichum diffusum* wird bis zu 1,50 m hoch und entwickelt nadelförmige Laubblätter von blaugrauer Farbe. Die Pflanze blüht im Hochsommer mit weißen Blütenkörbchen, die denen der neuseeländischen Gänseblümchensträucher (*Olearia*) ähneln. Das Hügelland wird von der Roten Krähenbeere, dem Pampasgrasland, Farnen, Mooren und *Bolax* geprägt.

Am Mount Maria auf West-Falkland halten Hangmoore das Sickerwasser zurück. *Astelia pumila*, eine entfernt mit den Lilien verwandte Pflanze, wächst sich hier zu gedrungenen, ringför-

**Auf den Bergplateaus herrscht ein raues windgepeitschtes Klima. Polsterpflanzen haben sich an diese harschen Bedingungen angepasst. *Drapetes muscosus*, ein Seidelbastgewächs, wächst auf *Oreobolus obtusangulus*, einem typischen Sauergras mit subantarktischer Verbreitung.**

migen Teppichen aus und bildet somit natürliche Zisternen. Auf ihren Matten sorgen Massen von Sonnentau (*Drosera uniflora*) für einen berauschenden Rot-Grün-Kontrast. Diese kleine, robuste Karnivore kommt in Küstenmooren vor, wo sie auf Torf oder auf staunassen Weißsanden wächst, dringt aber auch auf raue Höhenlagen bis 640 m vor.

Am Rande der anfangs erwähnten Blockhalden (*Stone Runs*) und zwischen Gräserbulten an Bachläufen wächst *Nassauvia serpens*, ein Endemit aus der Familie der Korbblütler, der sich durch die Quarzitblöcke schlängelt. Die silbrigen Blätter ummanteln schuppig den walzenartigen Spross, welcher mit rundlichen Blütenständen aus den *Stone Runs* herausschaut.

Die zumeist flachen, stark erodierten hohen Bergkuppen werden von unterschiedlichsten Pflanzenfamilien bestimmt, die aufgrund der hier herrschenden scharfen Winde und der hohen UV-Strahlung nicht höher als 5 cm werden. Die schüttere, niedrige Pflanzendecke wird durch eine Vielzahl von Flechten, Moosen, Gräsern und Heidekrautgewächsen gebildet. Die Scheinbeere *Gaultheria pumila* leuchtet mit sattroten Beeren aus den dichten Teppichen heraus. In staunassen Mulden wächst die zierliche *Viola tridentata* mit zahlreichen blau-weißen Miniaturblüten. *Lycopodium magellanicum*, ein Bärlapp, kontrastiert dazu mit goldgelben Fiedern und die Polster von *Valeriana sedifolia* lassen sich leicht anhand des gattungstypischen Baldriangeruchs identifizieren. *Drapetes muscosus* ähnelt im Erscheinungsbild eher einem Moospolster als einem Seidelbastgewächs. Sie wächst zwischen niedrigen Gräsern und Flechten und trotzt dem permanenten Windeintrag.

Die einsamen Momente inmitten der Naturgewalten sind es, die eine starke Verbindung zur Umgebung schaffen. Mit dem Wind im Nacken wendet sich der Blick vom Gipfel unweigerlich der Küste zu. Der weit ausladende Fjord umhüllt ein aquarellfarbenes Pinselglas unterschiedlicher Wassertiefen. Im Hintergrund das Meer – ein glänzender Film, auf dem die Schatten der Linsenwolken sanft umhertanzen.

# DIE VEGETATIONSBILDER SÜDAMERIKAS UND DER FALKLANDINSELN IM GARTEN

Die Landschaftsaufnahmen des südamerikanischen Festlandes und des Falkland-Archipels zeigen, wie vielgestaltig die Vegetation der amerikanischen Südhalbkugel ist. Komplexe Lebensgemeinschaften in faszinierender Umgebung machen die Beobachtungen vor Ort zu einem besonderen Erlebnis. Wie diese Landschaftseindrücke im Garten in Pflanzbilder verwandelt werden können, veranschaulichen die nachfolgenden Beispiele.

Die Gebiete westlich und östlich der Süd-Anden sowie die Wälder und alpinen Gebiete dieses langen Gebirgsmassivs sind Heimat vieler interessanter und gartenwürdiger Pflanzenarten. Auch in Süd-Brasilien, Uruguay und im östlichen Argentinien gibt es Arten, die eine bedingte Winterhärte vorweisen. Nach Prüfung der Wachstumsfaktoren lässt sich entscheiden, ob wir diese in unserem Garten erfüllen können. Die Klimazone, in der eine Pflanze natürlich vorkommt, ist ein wichtiger Indikator. Pflanzen der milderen Zonierungen gelingen in Gärten der Winterhärtezonen 8a und 7b am besten. Hierzu zählen zum Beispiel mediterrane Gebirgsarten, nordpatagonische und einige valdivianische Pflanzen und subantarktische Küstenarten. Gebirgs- und Step-

penpflanzen der kühleren Klimate können auch bis Winterhärtezone 7a und 6 gut hart sein. Viele Arten des südlichen Südamerikas sind im Winter von Schneemassen eingeschlossen und daher vor tiefen Temperaturen geschützt. Mittel- und südpatagonische Pflanzen und Gebirgsarten der Falklandinseln finden daher aufgrund einer verlässlichen Schneedecke in hoch gelegenen Alpengärten gute Kulturbedingungen, zum Beispiel *Azorella compacta*, die Gauklerblume (*Mimulus cupreus*), die Pantoffelblume (*Calceolaria biflora*) und das Mammutblatt (*Gunnera magellanica*). Die gleichen Arten sind in milderen Klimazonen bei Barfrost schutzbedürftig, zudem leiden sie bei heißer Sommerwitterung. Bezüglich der Winterhärte gibt es jedoch auch Arten, die von der Regel abweichen und sich anders verhalten, wie man es zunächst annimmt. Brasilianische Fuchsien, wie *Fuchsia regia* subsp. *reitzii* und *F. hatschbachii* können im Weinbauklima mit einer Laubschütte überwintern. Die Agavenblättrige Edeldistel (*Eryngium agavifolium*) stammt aus dem klimatisch mediterranen Argentinien und ist im Alpinum Schatzalp winterhart.

Analog zur Winterhärte müssen wir auf die Lebensbedingungen schauen, um die Pflanzen dauerhaft im Garten etablieren zu können. Benötigt die Pflanze Wasserabzug oder besiedelt sie dauerfeuchte bis nasse Böden? Wie verläuft der Vegetationsrhythmus (zum Beispiel Ruhephase, Trockenzeit, wechselfeuchte Bedingungen)? Die Bodenreaktion ist ebenfalls ein wichtiger Faktor, denn die Pflanzen der beschriebenen Gebiete wachsen ausschließlich auf sauren Böden.

Einige Arten haben eine ausgesprochen große geografische Amplitude. So findet man die Falsche Heide (*Fabiana imbricata*) und *Eryngium paniculatum* vom mediterranen Chile bis in die Steppe des mittleren Patagoniens. *Acaena magellanica* ist von Mittel-Patagonien bis auf die subantarktischen Inseln verbreitet, *Blechnum penna-marina* sogar von den Anden Südamerikas über Patagonien, subantarktische Inseln bis nach Neuseeland und Australien. Auch sollte die Höhenverbreitung einer Pflanzenart mehr Beachtung finden. Im Folgenden werden Interpretationsbeispiele unterschiedlicher Vegetationstypen gezeigt.

**Linke Seite: Das Färber-Mammutblatt (*Gunnera tinctoria*) mit *Fuchsia magellanica* 'Aurea' und Kugel-Sommerflieder (*Buddleja globosa*) in exotisch-dynamischer Gemeinschaft.**

**Links: Die Goldene Inkalilie (*Alstroemeria aurea*) wächst in ihrer patagonischen Heimat im lichten Unterholz von riesigen und niedrigen *Nothofagus*-Arten und tritt auch subalpin auf offenen Hanglagen auf. Sie lässt sich im Gartenbild dynamisch um *Nothofagus antarctica*-Bestände gruppieren.**

**Rechts: *Calceolaria polifolia* ist in der Küstenkordillere nahe Santiago de Chile auf drainierten Hanglagen verbreitet. Sie kann ab Februar vorgezogen und nach den Eisheiligen ausgepflanzt werden.**

# NORDPATAGONIEN, VALDIVIA UND DIE SUBANTARKTIS

In der chilenischen Maule-Region (beispielsweise im Nationalpark Radal Siete Tazas) und im Gebiet der Araukarien-Wälder und des Valdivianischen Regenwaldes trifft man auf attraktive Pflanzengemeinschaften, die Sie in einer Pflanzung im Garten thematisch verknüpfen können. Die Südbuche (*Nothofagus antarctica*), *Araucaria araucana*, *Austrocedrus chilensis*, *Berberis darwinii* und der Bambus *Chusquea coleou* können gerüstbildend eine Waldrandsituation andeuten. *Fuchsia magellanica*, *Alstroemeria aurea* und *A. ligtu* sowie *Blechnum magellanicum* bilden die krautige Komponente des offenen, lichtreichen Gehölzrandes. In Freiflächen können *Azorella trifurcata*, *Calceolaria cavanillesii*, *Berberis empetrifolia* und das weißblühende Pazifische Windröschen (*Anemone multifida*) in Kombination sehr apart wirken.

Dauerfeuchte Situationen lassen sich mit Mammutblatt-Arten gestalten. Die brasilianische *Gunnera manicata* können Sie problemlos mit patagonischen Arten vergesellschaften. Auch lässt sie sich alternativ zu *Gunnera tinctoria* verwenden, die aufgrund invasiver Eigenschaften in ozeanischen Gebieten, aus dem Handel genommen wurde. Saure dauerfeuchte Pflanzstellen werden auch von winterharten Fuchsien (*Fuchsia magellanica* 'Aurea', *F. magellanica* 'Arauco') und den Rippenfarnen *Blechnum cordatum* (Syn. *B. chilense*) und *B. penna-marina* angenommen. Um das Bild abwechslungsreich zu gestalten, können Sie den Sommerflieder *Buddleja globosa* und das Pampasgras *Cortaderia araucana* einbinden. Sie sind in der Natur stellenweise mit *Gunnera tinctoria* vergesellschaftet.

Subantarktische Pflanzengemeinschaften wirken besonders attraktiv mit kontrastbildenden Arten. Die Gestalt des Magellanen-Stachelnüsschens ist sehr variabel, zur Kontrastbildung sind blaugraue Laubfarben geeignet. Sie heben sich von den rostbraunen Sporenträgern von *Blechnum penna-marina*

**Die weißblütige Dotterblume *Caltha sagittata* gehört zu den Schätzen der subantarktischen Gartenpflanzen. Sie benötigt anmoorige, dauerfeuchte, wohldrainiert durchlüftete Böden (zum Beispiel mit Quarzsand aufgemischte Heideerde im Anstauverfahren in erhöhter Pflanzposition).**

**Das Magellanen-Stachelnüsschen (*Acaena magellanica*) im Kontrast mit der Seefeder (*Blechnum penna-marina* var. *alpina*). Die Blüten der Andeniris (*Libertia chilensis*) erstrahlen Ende Mai in unmittelbarer Nachbarschaft der Matten.**

var. *alpina* elegant ab. Auf den Falklandinseln und in Patagonien wächst diese Form in den Bulten von Horstgräsern an Bachläufen. *Gunnera magellanica* kann in anmoorigen Folienbeeten gut wachsen. Versetzte Folgen solcher Mooraugen in einer niedrigen, alpinen Heide- oder Gräsergemeinschaft können sehr ansprechend wirken. Vergleichbar effektvolle Mooraugen können Sie mit einer Pflanzenart (beispielsweise *Blechnum pennamarina*) oder mit konkurrenzschwächeren Gemeinschaften (*Symphiotrichum vahlii*, *Selliera radicans*, *Lobelia oligophylla* und *Caltha sagittata*) anlegen. Wegränder und Kiesgärten sind prädestiniert für das Küstengras *Elymus magellanicus*. Die intensive blaugraue Laubfarbe dieses dekorativen Süßgrases wirkt aufhellend und kontrastbildend. Die Art erhält sich auch zuverlässig durch Spontanversamung.

Alpine Gesellschaften lassen sich im Steingarten mit Polsterpflanzen nachempfinden, wie zum Beispiel *Bolax gummifera*, *Acaena caespitosa*, *Azorella trifurcata* und *A. lycopodioides*, *Perezia recurvata*, *Oxalis ennaphylla* und *O. adenophylla*.

Junge Pflanzung mit südamerikanischen Matten- und Polsterpflanzen. Die Raumaufteilung erfolgte in diesem Beet mit kantigem Grano-Diorit-Bruch und -Blöcken, die eine Ablagerungssituation simulieren.

*Anemone multifida* ist in Patagonien vom chilenischen Seen-Gebiet über subalpine Höhen der Anden bis in die argentinische Steppe verbreitet, dennoch ist sie nicht einfach zu kultivieren. Sie ist gegen Staunässe empfindlich, benötigt aber eine ausgeglichene Grundfeuchte.

Das patagonische Pampasgras *Cortaderia araucana* im naturnahen Verband.

## PAMPA UND STEPPE

Aspekte südamerikanischer Graslandschaften wie die der argentinischen Pampa, den Hochlagen der Anden und der patagonischen Steppe können in einer Pflanzung zusammenfließen. Sie sind einander ähnlich und einige Arten treten in verschiedenen Klimazonen Südamerikas auf und sind sogar noch in Nord- und Mittelamerika heimisch. Solche Arten können Sie je nach Themenschwerpunkt in unterschiedlicher Intention verwenden. Die ehemals unter den Federgräsern (*Stipa*) eingegliederten Gattungen *Jarava*, *Nasella* und *Pappostipa* sind leider nur in wenigen Arten im Handel zu finden. *Pappostipa speciosa* ist bis −20 °C hart und ist noch im südargentinischen Bundesstaat Chubut verbreitet. *Jarava ichu* wächst gut in sandigen Böden ebenso wie die bekannte *Nasella tenuissima*. Alternativ können Sie aufgrund der Ähnlichkeit auch europäische *Stipa*-Arten einsetzen. Pampasgras kann sowohl in großen Gruppen als auch in lockerer Verteilung gepflanzt werden. Die niedrigen und halbhohen Grasarten dienen auf offenen Flächen als lockere Grundfläche, in die Sie Pioniere wie Nachtkerzen (*Oenothera stricta* und *O. magellanica*), Binsenlilien (*Sisyrinchium striatum*), Clarkien und *Verbena bonariensis* sowie *V. rigida* locker einstreuen können. Die Blütenstände von Mannstreu, genauer gesagt der Arten *Eryngium paniculatum*, *E. horridum* und E. *agavifolium*, können diese Gemeinschaft mit attraktiven distelähnlichen Blütenständen aufwerten. *Fabiana imbricata* kann skulpturenhaft in die Pflanzung integriert werden. Sie erblüht schon im Mai. Saisonal eingesetzte Pantoffelblumen-Arten, wie *Calceolaria integrifolia* 'Kentish Hero' und *C. polifolia* oder bedingt harte Arten, wie *C. paralia*, *C. petiolaris* und *C. dentata* in offenen, konkurrenzschwachen Flächen ergeben ein ausgeglichenes Bild. *Sisyrinchium laetum* (Syn. *S. macrocarpum*), eine niedrige großblumige Binsenlilie, die Verbenenverwandte *Junellia micrantha*, Azorellen und silbrige Stachelnüsschen-Arten (*Acaena sericea* und *A. splendens*) laufen im Randbereich der Steppenpflanzung aus.

Die patagonische Steppenflora hat ein großes Potenzial, doch nur wenige Arten sind im Handel verfügbar; für zahlreiche vielversprechende Arten fehlen Erfahrungswerte. Einige Steppenarten sind in den Gärtnereisortimenten, insbesondere in Alpenpflanzen-Gärtnereien, erhältlich. Spezialsortimente findet man vor allem in britischen Gärtnereien.

**Die wolligen Fruchtstände von *Anemone multifida* vor *Nasella tenuissima*, Pantoffelblumen und Pampasgras. Der Boden besteht aus einer 40 cm hohen Lavasanddecke über anstehendem lehmigem Mutterboden.**

# NEUSEELAND, AUSTRALIEN UND TASMANIEN / EXOTISCHE LANDSCHAFTEN IM SÜDPAZIFIK

Die Farben und Formen der neuseeländischen und australischen Pflanzenwelt sind extravagant und beeindruckend. Die Rinde tasmanischer *Eucalyptus*-Arten, neuseeländische Seggen in rostbraunen filigranen Horsten und die Farbnuancen ineinanderwachsender Teppichpflanzen sind beispielhaft für die Einzigartigkeit dieser Regionen. Ihre Landschaften und Pflanzen stehen im Fokus des nachfolgenden Kapitels.

Neuseeland, Tasmanien und der australische Kontinent bildeten mit Afrika, Südamerika, Antarktica und Indien den Südkontinent Gondwana. Nach dem Auseinanderbrechen von Gondwana im Jura drifteten die kontinentalen Bruchteile und neu entstandenen Inselgruppen auseinander. Zwischen Südamerika, der Antarktis, Australien und Neuseeland bestand während der Kreidezeit und zu Beginn des Tertiärs eine räumliche Nähe und klimatische Ähnlichkeit, die Wanderungsbewegungen von Pflanzen ermöglichten. Pflanzengattungen wie Mammutblatt (*Gunnera*), Stachelnüsschen (*Acaena*), Fuchsie (*Fuchsia*), *Ourisia* und Südbuche (*Nothofagus*) sind heute sowohl in Südamerika als auch in Neuseeland verbreitet. Gemeinsamkeiten finden sich auch in der Pflanzenwelt Tasmaniens und des australischen Kontinents. Aufgrund dramatischer Klimaveränderungen auf dem australischen Kontinent mussten sich Pflanzenarten neuen Gegebenheiten anpassen oder starben aus, zum Beispiel *Fuchsia*. Neuseeland wurde schon früh isoliert und entwickelte sich im Zuge großer tektonischer Einflüsse, jüngerer Wanderungsbewegungen und klimatischer Unterschiede zu Australien floristisch in eine eigene Richtung. Tasmanien und die Blue Mountains im südöstlichen Australien bilden heute jedoch einen Schnittpunkt, an dem die floristischen Beziehungen zu Neuseeland deutlich erkennbar sind.

## SCRUB / NEUSEELANDS IMMERGRÜNES BUSCHLAND

Das subalpine Hochland der neuseeländischen Inseln wird besonders in niederschlagsreichen Zonen von natürlichen, nahezu undurchdringlichen Strauchgesellschaften ummantelt. Vielerorts beginnt dieser sogenannte *Scrub* schon im küstennahen Hügelland und reicht bis in Höhenlagen um 1200 m. Neben geschlossenen Beständen sind die Populationen auch mit kleinen Bäumen und Stauden vergemeinschaftet und können sowohl eine Barriere zu Grasgesellschaften bilden als auch sukzessive in diese übergehen. Viele Gehölzarten besitzen starre, ledrige Blätter; die Laubformen können unter den vorkommenden Arten sehr unterschiedlich sein. Auch innerhalb einer Gattung zeigen sich die Arten sehr verschiedengestaltig, was sie für die Gartenkultur interessant macht. Das gezähnte elliptische Laub von *Olearia macrodonta* erinnert an *Ilex*; *Olearia nummularifolia* hingegen ist schuppig gedrungen belaubt. Zur Verwandtschaft der Olearien gehört auch die artenreiche Gattung *Brachyglottis*, die mit größeren gelben und weißen Korbblüten reichblühend in den neuseeländischen Strauchgesellschaften in Erscheinung tritt. Zu den bekannten Vertretern des *Scrub* gehören auch viele Strauchveronika-Arten: *Veronica cupressoides* gleicht ohne ihre violetten Ehrenpreisblüten tatsächlich einer Konifere, *Veronica topiaria* wächst breitkugelig und bildet graugrünes, schuppiges Laub aus.

Heideähnlich wirken die Arten der Gattung *Ozothamnus* (Syn. *Cassinia*), ebenso die Blütenstände der bizarren Kleinbäume und Sträucher der Gattung *Dracophyllum*, deren Blattschöpfe denen von Bromelien und Velloziaceen ähneln. Zu den zahlreichen Stauden des offenen *Scrub* und den Übergängen in die *Tussock*-Gesellschaften zählen Arten der Gattungen *Aciphylla*, *Aceana*, *Bulbinella*, *Libertia*, Farne und Seggen.

# TUSSOCK / SCHIMMERNDE HORSTGRÄSER SO WEIT DAS AUGE REICHT

Unter dem englischen Begriff *Tussock* versteht man im Allgemeinen landschaftsprägende Horstgras-Gesellschaften, die von einer dominanten Süßgrasart bestimmt werden. In Teilen der Südhemisphäre und besonders im südpazifischen Raum wird die Bezeichnung jedoch häufiger und differenzierter verwendet. In Neuseeland werden insbesondere Vegetationstypen der Gattungen *Chionochloa*, *Festuca* (*Schwingel*) und *Poa* (Rispengras) als *Tussock* bezeichnet. Weltweit kann sich der Begriff aber auch auf andere Gattungen beziehen. So werden auch die Gras- und Grasartigen Gesellschaften Australiens (zum Beispiel *Poa labillardierei*, *Lomandra longifolia*), der Hochplateaus der südafrikanischen Drakensberge (*Themeda*, *Merxmuellera*) sowie *Poa flabellata*- und *Cortaderia pilosa*-Gesellschaften auf den Falklandinseln als *Tussock* oder *Tussac* bezeichnet.

Auf Neuseeland dominieren das *Silver Tussock* (*Poa cita*), *Red Tussock* (*Chionochloa rubra*), *Hard Tussock* (*Festuca novae-zelandiae*) und die *Snow Tussock*-Arten *Chionochloa pallens*, *C. rigida* und *C. flavescens* sowie das *Blue Tussock* (*Poa colensoi*). Jede Horstgras-Gesellschaft hat ihre ökologische Nische. *Chionochloa teretifolia* wächst unter anderem auf torfigen Böden im Hochland. Die massenhaften haarartigen Blattscheiden der *Tussock*-Bestände leuchten die Hügel golden aus.

*Tussock*-Gesellschaften sind keineswegs monoton; zwischen den Horsten finden viele Stauden ihre ökologische Nische. Neben den Süßgras-Gesellschaften bestimmen auch Sauergräser das neuseeländische Landschaftsbild. Insbesondere die Artenfülle der Gattung *Carex* (Seggen) ist bemerkenswert. Viele Arten sind rostbraun bis rötlich gefärbt, wie auch einige Vertreter der Gattungen *Uncinia* und *Schoenus* (*Kopfried*). Sie bilden die Matrix für eine reiche Stauden- und Zwerggehölz-Flora. *Celmisia*, eine Korbblütlergattung, die für Neuseeland und Australien endemisch ist, tritt in einem großen Formenreichtum in den *Carex*-Gemeinschaften auf.

**Artenreicher *Scrub* mit Strauchveronika, *Dracophyllum*, *Aciphylla*, *Ranunculus lyallii*, Neuseeland-Flachs und South Island-Toe Toe, eine neuseeländische Pampasgras-Art (*Austroderia richardii*).**

***Leucogenes grandiceps*** **wächst aus einem schroffen Felsvorsprung heraus.**

**Die gleiche Art kann sich mit Schafsteppich, Flechten und Celmisien verschachteln.**

# NEUSEELANDS ALPINE PFLANZEN

Die neuseeländischen Alpen sind höher und schroffer als die benachbarten australischen Gebirge. Eine bis heute andauernde Erosion, Gletschereinflüsse und harsche klimatische Bedingungen ließen ein atemberaubendes Relief entstehen. 17 Gipfel reichen in eine Höhe über 3 000 m. Aktiver Vulkanismus ist auf der Nordinsel großflächig anzutreffen und die Vielfalt der Gesteinsformationen auf den Inseln ist prägnant. Die Flora Neuseelands weist einen hohen Endemismus von 85 Prozent auf, in der alpinen Pflanzenwelt liegt er sogar bei 93 Prozent. Weißfilzige und graugrüne Polster und Matten wachsen auf Schutthalden, Moränenfeldern, Bergkuppen und in niedrigen Grashorsten. Die endemische Korbblütler-Gattung *Raoulia* (Schafsteppich) und die nahen Verwandten *Haastia* und *Leucogenes* sind durch Polster- und Mattenwuchs an Extremstandorte angepasst. Sie sind ausgesprochen dekorativ. Einige Arten sind nur für das Alpinhaus geeignet, andere gedeihen auch im Steingarten. Besonders formenreich zeigt sich die Gattung *Celmisia*: Es gibt Arten mit langen, zungenförmigen, in Rosetten angeordneten Blättern und niedrige Arten mit nadeligem Laub, außerdem dichte Arten, die polsterbildend wachsen. *C. coriacea*, eine stattliche Art, besiedelt nasses Grasland von der montanen bis in die alpine Zone. Die Polster von *C. argentea* wachsen in anmoorigem Grasland im montanen bis subalpinen Otago und Southland. Die meisten alpinen Celmisien sind barfrostgeschützt winterhart bis – 20° C und sind daher interessant für mitteleuropäische Gärten. Auch einige alpine Zwergsträucher der Gattung *Veronica* (Sektion Hebe) sind ähnlich winterhart. Niedrige *Tussock*-Gräser bieten Lebensraum für niedrige Mattenbildner, Zwergsträucher wie Heidekrautgewächse, zum Beispiel Scheinbeere (*Gaultheria*), Grasbaumgewächse der Gattung *Bulbinella* und dichte *Leptinella*-Teppiche (Fiederpolster). *Aciphylla*-Solitärs stehen vereinzelt in niedrigen Matten und rostrote *Carex*-Arten bilden einen lockeren Verband im permanenten Windgetöse.

*Aciphylla*-Solitäre stehen vereinzelt in niedrigen kontrastreichen Matten und rostrote Carex-Arten biegen sich im Windgetöse.

**Lichter *Eucalyptus*-Wald mit niedrigen Strauchgemeinschaften, die von einer blühenden Glanzstrauchart (*Pimelea*) bestimmt werden.**

## SNOW GUMS / SCHNEE-EUCALYPTUS-WÄLDER IN TASMANIEN UND AUSTRALIEN

Die Gebirge Tasmaniens und des südöstlichen Australiens (New South Wales und Victoria) sind bis in Höhenlagen um 2000 m von verschiedenen *Eucalyptus*-Arten bewachsen. Die Niederschlagsmengen sind in diesen Gebieten teilweise hoch, ohne oder nur mit kurzer Trockenzeit. Einige Arten des Hochlandes eignen sich daher für die Freilandkultur in wintermilden Regionen. Die Unterarten von *Eucalyptus pauciflora* zählen zu den härtesten Arten. Sie sind in den australischen Alpen bzw. in benachbarten Gebirgszügen beheimatet. Sie werden als *Snow Gums* bezeichnet. Während die Unterart *debeuzevillei* Wälder in Höhen zwischen 1400 bis 1900 m bildet, findet man *E. pauciflora* subsp. *niphophila* erst auf 1750 m; ihre Verbreitung reicht bis auf 2100 m Höhe. Die Niederschlagsmengen liegen zwischen 750 und 2000 mm (Ross, Irons 1997). In großen Höhen treten die bizarren Gewächse als Krummholz und gewundene Zwergbäume auf. Die Art bleibt kleiner und auch das Laub ist mit maximal 10 cm Länge deutlich kürzer als bei *E. pauciflora* subsp. *debeuzevillei.* Beide Arten bilden dekorative Rindenstrukturen und -farben aus. *Eucalyptus gunnii* stammt aus dem zentralen Hochland Tasmaniens und tritt nur in mittleren Höhen auf, überrascht aber mit einer maximalen Winterhärte bis −23 °C; er kann dann zwar oberirdisch Schaden nehmen, treibt aber aus der Basis wieder aus. Die natürlichen Böden der Heimatregionen sind sauer, doch können einige Arten auch auf neutralen bis schwach-basischen Böden gedeihen. Weitere *Eucalyptus*-Arten kühler Gebirgsregionen sind *Eucalyptus dalrympleana*, *E. coccifera*, *E. glaucescens*, *E. johnstonii*, *E. nicholii*, *E. nitida*, *E. stellulata*, *E. subcrenulata* und *E. viminalis*.

# EIN GARTEN DER SÜDHEMISPHÄRE IM NORDEN EUROPAS

## DER GARTEN MCHARDY

„Der Garten wird sich verändern … Die Südbuchen Patagoniens und die Eucalypten des Mount Wellington werden in den kommenden Jahren in die Höhe wachsen."

Ursula Mc Hardy (1930–2011)

**Nahe der schottischen Hauptstadt Edinburgh verwandelte die Biologin Ursula Mc Hardy einen *Walled Garden* in einen Garten südhemisphärischer Vegetationsbilder. Durch die Verwendung eines Gerüsts aus vegetationstypischen Leitpflanzen gelang es ihr, regionale Pflanzengemeinschaften der Südhalbkugel zu komponieren und in ein Gesamtbild zu integrieren. Die Inspiration und Informationen für die Umsetzung ihrer Gartenidee gewann Ursula Mc Hardy auf unzähligen Expeditionen in die verschiedenen Regionen der südlichen Südhalbkugel und aus ihren Langzeitkulturerfahrungen mit südhemisphärischen Pflanzen.**

## DAS KONZEPT

Als Ursula Mc Hardy im Jahre 2005 den ersten Spatenstich für die Umsetzung ihrer letzten großen Gartenidee machte, hatte sie in der Vergangenheit Meilensteine für die Kultur südhemisphärischer Pflanzen gelegt. Nach ihrem Biologie-Studium in Brüssel und Frankfurt am Main intensivierte sich der schon damals bestehende Kontakt zum Palmengarten Frankfurt. Mit der Einrichtung der Alpinhäuser in den 1980er-Jahren begann eine jahrelange enge Zusammenarbeit. Die Pflanzenwelt der Südhalbkugel wurde von nun an Bestandteil der thematischen Ausrichtung des Gartens. Zwischen 1985 und 1987 wurde Ursula Mc Hardy mit der planerischen und konzeptionellen Entwicklung des Steingartens beauftragt. Zu Beginn der 1990er-Jahre befasste sie sich im Zuge der Einrichtung des Subantarktis-Hauses zunehmend mit der Umsetzung pflanzensoziologischer Konzepte.

Die Erkenntnisse dafür gewann sie unter anderem auf 13 Reisen nach Neuseeland, Chile, Tasmanien und auf die Falklandinseln sowie vielen weiteren Exkursionen. Die südhemisphärischen Themenbereiche des Palmengartens, der artenreiche Privatgarten der Biologin und ihre eindrucksvollen Vorträge rückten damals zunehmend in den Fokus der gärtnerisch-botanischen Fachwelt. Als sie gegen Ende der 1990er-Jahre mit ihrem

Vorhergehende Seite: Bronzefarbene Seggen, Celmisien und *Brachyglottis* in Silbergrau, Blütenwolken skulpturenhafter Keulenlilien (*Cordyline*) und neuseeländischer Pampasgräser (*Austroderia*). Die Farben und Konturen neuseeländischer Pflanzen bestimmen den zentralen *Walled Garden*.

**In Jahr 2006 wurde das Gelände sukzessive modelliert und gerüstbildend bepflanzt.**

**Zwei Jahre später.**

Ehemann William in seine schottische Heimat zurückkehrte, entstand der Wunsch, einen letzten Garten zu erschaffen.

Im Jahre 2005 wurde ein geeignetes Objekt gefunden, das von der Grundfläche, den klimatischen Voraussetzungen und der landschaftlichen Einbindung perfekt passte: ein *Walled Garden* aus dem späten 18. Jahrhundert mit einer inneren Grundfläche von 3648 m² in südwärts geneigtem Gelände mit 5 m Höhenunterschied. Das Gelände wird nordseits von einem breiten ansteigenden Gehölzgürtel schützend umgeben. Südlich begrenzt die brackwasserführende Mündung des River Forth das Anwesen. Die Nähe zum Meer sorgt für milde, luftfeuchte Einflüsse. Der ideale Rahmen für das anstehende Gartenprojekt war gefunden.

Die Gartenräume sind folgendermaßen aufgebaut: Außerhalb des Mauergartens befindet sich das Cottage, östlich davon liegt der Küchengarten und nordwestlich ein Stein- und Wassergarten. Der innere Garten wurde in vier geografische Themenareale aufgeteilt, die wiederum in lokale Pflanzengemeinschaften und Lebensbereiche geordnet wurden. Einen weiteren Themengarten bildet ein kosmopolitisch konzipierter *Mixed Garden* mit sonnigen und absonnigen Lebensbereichen.

Während Ursula Mc Hardy in der Vergangenheit ihren Pflanzungen einen gesteinsbetonten Rahmen verlieh, orientierte sie sich im *Walled Garden* an dem vorgegebenen Gelände. Die Gartenbilder sind über einen drachenförmigen Rasenweg miteinander verbunden. Dieses Wegekonzept bildet im oberen Drittel des Gartens eine lange terrassierte Erhöhung, die einen weiträumigen Ausblick auf das Gartengelände und die Umgebung ermöglicht. Fünf aufeinanderfolgende kreisrunde Teichbecken stehen im Zentrum der neuseeländischen Vegetationsbilder, denen der zentrale Gartenteil gewidmet ist, und bilden eine Sichtachse von der Anhöhe zum Eingang. Verschiedene für die neuseeländische Südinsel prägende Vegetationstypen wurden lokalgeografisch in das geobotanische Gesamtbild eingebaut.

Die langjährige Beobachtung der Wachstumsbedingungen natürlicher Pflanzengemeinschaften der südlichen Südhemisphäre war der Schlüssel für die Konzeptentwicklung. Trotz der exotischen Themenwahl fügen sich die Pflanzungen ideal in die Umgebung ein, bietet doch die ozeanisch-kühl geprägte Region ähnliche klimatische Bedingungen wie die rauen windreichen Inseln der Subantarktis. Der Gartenstandort Crombie Point liegt mit Moskau und Kopenhagen auf gleicher Höhe, wird jedoch

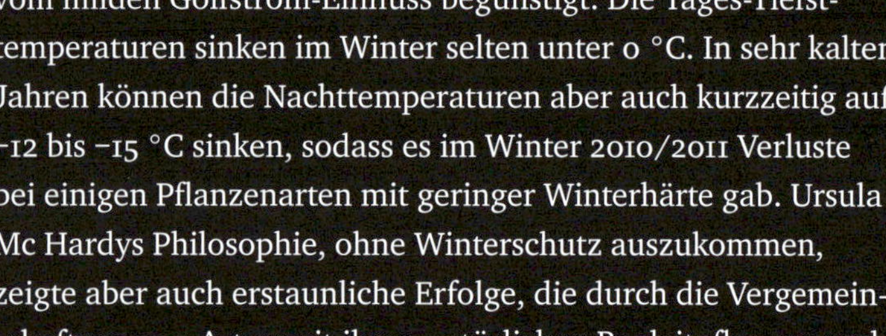

vom milden Golfstrom-Einfluss begünstigt. Die Tages-Tiefsttemperaturen sinken im Winter selten unter 0 °C. In sehr kalten Jahren können die Nachttemperaturen aber auch kurzzeitig auf −12 bis −15 °C sinken, sodass es im Winter 2010/2011 Verluste bei einigen Pflanzenarten mit geringer Winterhärte gab. Ursula Mc Hardys Philosophie, ohne Winterschutz auszukommen, zeigte aber auch erstaunliche Erfolge, die durch die Vergemeinschaftung von Arten mit ihren natürlichen Begleitpflanzen und die Positionierung von kritischen Arten in Mauernähe begünstigt wurden. Wärmeliebende Arten pflanzte sie an südseitige Mauerflügel, kühlfeuchte Bedingungen wurden durch nordseitige Mauer- und Gehölzrandpositionen geschaffen.

Stellenweise baute sie Folienbeete für anmoorige Lebensbereiche und Natursteinmauern und -kanten für gesteinsliebende Arten ein. Den dunklen, sandig-humosen sauren Boden mit hohem Kohleanteil passte sie nur stellenweise mit Zuschlagstoffen an.

Der gestalterische Ansatz, natürliche Pflanzenkombinationen nachzubilden, wurde sowohl visuell durch landschaftsprägende Farben, Konturen, Texturen und Düfte individuell bedient als auch im ökologischen Zusammenhang, um die Lebensgemeinschaften auch dauerhaft zu etablieren. Die Mengenverteilung der einzelnen Arten innerhalb einer Gemeinschaft leitete Ursula Mc Hardy vom Naturstandort ab und brach sie auf die verfügbare Fläche herunter. Sie stimmte die typischen und visuell markanten Arten der verschiedenen Vegetationsschichten aufeinan-

**In der Mengenverteilung einer lockeren Sauergras-*Brachyglottis*-Strauchgesellschaft fungiert die Segge *Carex flabellata* als Gerüstbildner, *Aciphylla aurea*, *Brachyglottis* und Celmisien sind prozentual unterschiedlich eingestreut.**

**Das Braunblättrige Stachelnüsschen (*Acaena microphylla*) breitet sich tellerförmig über dem Boden aus; *Libertia peregrinans* bildet Ausläufer und kontrastiert mit bräunlich-orangen lanzettlichen Sprossen. Durch das Wachstum der flächendeckenden Stauden und durch Spontanversamung der Sauergräser und Korbblütler verändert sich der Standort in kurzer Zeit.**

der ab und achtete auch auf das Gesamtbild des Gartens. Durch das Wachstum der Gehölze bedingte künftige Veränderungen der Areale kalkulierte sie ein. Pioniergewächse und Pflanzengemeinschaften, die in der Natur auf Lichtungen und im Unterholz wachsen, durften anfänglich zwischen den jungen Gehölzen die Pflanzungen begleiten und wurden im Verlauf reguliert, ebenso wurden stauden- und zwerggehölzbetonte Systeme von zu üppigen Gehölzen und Sämlingen befreit, wenn der Druck zu groß wurde. Eine anfänglich lockere und fragmentarische Gerüstbepflanzung förderte die Etablierung von Jungpflanzen durch Spontanversamung. Sukzession war erwünscht und wurde von Ursula Mc Hardy gesteuert. Neuerworbene Arten ergänzten die Pflanzung stetig und entwickelten sie weiter.

*Aciphylla* (Speergras)-Arten gehören zu den spektakulärsten Doldenblütlern. Der Formenreichtum der rosettenbildenden Stauden ist enorm, neben *Yucca*-ähnlichen Arten mit schmalen speerförmigen Blättern gibt es auch niedrige alpine Arten mit palmaten Laubblättern von rostroter bis grün-brauner Ausfärbung. Die mittelhohen und hohen Arten sind im Alter ausgesprochen attraktiv. Das nadelige Laub und der gesamte Blütenstand sind zumeist martialisch bewehrt. Der Farbkontrast zu verschiedenen Stachelnüsschen, *Libertia peregrinans* sowie den weißen Blüten des Gänseblümchenstrauches und die spektakuläre Kontur des Sprosses machen diese Pflanzen zu einem Erlebnis. Entgegen ihres Aussehens benötigen die meisten Arten saure, feuchte, aber wohldrainierte Böden. Sie reagieren empfindlich auf Wurzelstörung.

**Eingewachsener *Scrub* mit gelb blühenden *Brachyglottis*, weißen Blütenständen des Gänseblümchenstrauchs (*Olearia macrodonta*) und *Austroderia richardii*.**

## DIE THEMENGÄRTEN IM WALLED GARDEN

Im Areal des neuseeländischen Westlands treten die unterschiedlichen Laubfärbungen, Wuchsformen und Blütenakzente wie in den natürlichen Strauchgesellschaften Neuseelands (*Scrubs*) hervor. Man findet im küstennahen Buschland viele Arten der Gattung *Brachyglottis*. Einige graulaubige Arten wirken durch ihr silbrig behaartes Laub kontrastreich. Vor allem *Brachyglottis greyi* und die daraus entstandenen Hybriden, die besonders salzverträglich sind, werden gern in Küstenregionen eingesetzt. Der Aufbau der meist gelben Korbblüten zeigt die nahe Verwandtschaft zur Gattung *Senecio*. *Libertia peregrinans* und *Carex flagellifera* haben sich in das Vegetationsbild eingewoben. Neuseelandeibisch (*Hoheria*), Gänseblümchensträucher (*Olearia*) und das neuseeländische Pampasgras *Austroderia richardii* bilden einen pittoresken Hintergrund. Wiederholungen der gerüstbildenden Arten in der Pflanzung erzeugen ein geschlossenes, ausgedehntes Vegetationsbild.

Die mit Buschland betonten Pflanzungen des neuseeländischen Areals innerhalb der drachenförmigen Wegeführung beschreiben verschiedene lokale Vegetationstypen. Der westliche Teil wurde Steward Island und den Chatham-Inseln gewidmet. Die Chatham-Inseln liegen zwischen Neuseeland und Chile und unterscheiden sich floristisch durch das Auftreten vieler Lokalendemiten. Arten wie das Chatham-Vergißmeinnicht (*Myosotidium hortensis*) und großblütige Olearien bestechen durch intensive Blau- und Violetttöne der Blüten. Auch in der Laubfarbe können sich Arten der Chatham-Inseln von den Standorttypen der neuseeländischen Südinsel unterscheiden. Beispielsweise ist der Chatham-Typ von *Carex trifida* blaugrau, auf der neuseeländischen Südinsel und in Südamerika hingegen grün ausgefärbt. Die Chatham-Arten weisen eine geringe Winterhärte auf und sind in Mitteleuropa nur mit viel Schutzaufwand dauerhaft im Freiland zu etablieren. Eine der spektakulärsten Pflanzen ist die bekannte *Astelia chathamica*.

Neben dem erwähnten *Scrub*, den Strauchgesellschaften des feuchteren Westlands, hat Ursula Mc Hardy auf der westlichen Seite auch die Strauch- und Grasgesellschaften Otagos (südliche Region auf der Südinsel Neuseelands mit wechselhaftem Klima) veranschaulicht. Östlich der Teiche hat sie ein Areal dem Gebiet des Mount Cook National Parks gewidmet. Hier stehen lockere Gruppen von *Griselinia littoralis*, die flächig von grauen Stachelnüsschen (*Acaena buchananii*) umgeben werden. Die grüne Form von *Carex comans* wurde mit *Ozothamnus leptophyllus* (*Fulvidus*-Gruppe) und *Olearia nummularifolia* vergemeinschaftet. Die sparrigen heideähnlichen Sträucher wirken im Jugendstadium auflockernd in der Sauergras-Wiese. Der offene Randbereich wird von Celmisien und *Anisotome haastii*, einem Doldenblütler, geprägt. Beide Arten treten aus den *Carex*-Beständen hervor.

*Veronica macrantha*, *Pseudowintera colorata* und Schmalblättriger Klebsame (*Pittosporum tenuifolium*) ergänzen das Gehölzgerüst; und *Ranunculus lyalii*, eine der attraktivsten und größten Arten dieser Gattung, blüht mit weißen Schalen aus den Verbänden heraus. Als Vertreter feuchter Bodensituationen tauchen *Ourisia crosleyi* und *Gunnera monoica* in Randbereichen auf.

Die alpine Flora der neuseeländischen Südinsel hat die Gartenbesitzerin in einer von Matten und Polstern bestimmten Pflanzung im Randbereich der fünf Teiche zusammengefasst. Solitäre Teller von *Raoulia hookeri* und Vertreter der *R. australis*-Gruppe wechseln farblich akzentuiert mit niedrigen Strauchveronika-Arten, bronzefarbenen *Leptinella*- und *Acaena*-Teppichen, niedrigen Horsten des Neuseelandflachs (*Phormium*), weißen Blütenpolstern neuseeländischer Strohblumen, zum Beispiel *Anaphaloides bellidioides*, die korallenwüchsige *H. coralloides* und die nadeligen Matten von *H. depressus*. Dazu verschachteln sich dichte Teppiche von *Raoulia tenuicaulis* mit *Celmisia gracilenta*, *Geranium sessiliflorum* und *Veronica epacridea*. *Veronica* (*Parahebe*) grenzt an das neuseeländische Edelweiß *Leucogenes grandiceps*. Ein Meer aus unterschiedlichsten *Celmisia*-Arten bestimmt den südlichen Alpengarten wie ein Raritätenkabinett in einem entomologischen Schaukasten.

Wie kein anderes Areal im Garten Mc Hardy spielt das Vegetationsbild des Mount Wellington (Tasmanien) mit den Farbnuancen, Rindenstrukturen und Düften der *Snow Gums*, typischen Vertretern der isolierten australischen Insel. Von den 29 für Tasmanien beschriebenen *Eucalyptus*-Arten kommen am Mount Wellington 14 Arten vor. Das Gartenareal zeigt die bekanntesten Arten, die auch für klimatisch günstige Lagen Mitteleuropas eine Option sind, beispielsweise die Unterarten von *Eucalyptus pauciflora*, *E. coccifera* und *E. dalrympleana*. Alle Arten bestechen im Alter durch außergewöhnliche Rindenstrukturen. Das Unterholz wird von *Ozothamnus ledifolius*, *Eucryphia milliganii*, eine Scheinulme, und Olearien gebildet. Krautige Arten wie *Dianella tasmanica* und *Lomandra* wachsen im lichten Gehölzrand, *Veronica perfoliata*, *Lobelia pedunculata*, *Abrotanella* und *Scleranthus* in den offenen Situationen. Die Vegetation des Mount Wellington wurde durch Arten des australischen Kontinents ergänzt und bildet mit verschiedenen Koniferen, Proteaceen und Akazien des südpazifischen Raumes den Übergang in das afrikanische Areal. Sehr zuverlässig zeigen sich zwei Exemplare der Wollemikiefer (*Wollemia nobilis*) in Nachbarschaft der Eukalypten. Das lebende Fossil hat die kalten Ausnahmewinter besser überstanden als der Australische Taschenfarn (*Dicksonia antarctica*). Das Belassen des Falllaubes der Eukalypten bewirkt eine natürliche Ausstrahlung der Pflanzung. Besonders charaktervoll erscheint die Gehölzgruppe, wenn der Wind die Kronen bewegt und dabei die graublauen Blätter im Herbstlicht schimmern.

Die Vegetationsbilder Südamerikas beziehen sich auf den Übergang der nordpatagonischen Wälder in den Valdivianischen Regenwald und auf subantarktische Moor- und Heidevegetation (mehr dazu auch ab Seite 112). An der westlichen Mauer wurden zudem Arten des Maule-Gebietes und einige Küstenpflanzen aufgepflanzt. Der patagonische Waldtyp zeigt *Nothofagus antarctica* als bestimmendes Element, die signalroten Blüten des Feuerbusches und des Laternenbaumes (*Crinodendron hookeri*) leuchten aus dem Baumbestand heraus. Die Klebrige Scheinulme (*Eucryphia glutinosa*), *Caldluvia paniculata*, *Austrocedrus chilensis*, *Saxegoethea conspicua* und Andentanne (*Araucaria araucana*) bilden wie am Naturstandort einen stimmigen Verband. Das Unterholz wird flächig von *Alstroemeria aurea* dominiert, *Libertia chilensis* steht in lockeren Horsten am Gehölzrand und ein Tuff von *Ourisia coccinea* wächst isoliert von Konkurrenz befreit. Der Waldrand geht mit bizarren *Nothofagus pumilio*-Exemplaren in ein Heidemoor über. Matten mit *Gunnera magellanica* bestimmen den Unterwuchs, drainierte Randbereiche werden

**Naturalistische Ableitung der alpinen Hanggesellschaften der neuseeländischen Alpen. Die *Raoulia*-Teller profitieren von der dränenden Geländeneigung. Die Aufnahme stammt aus dem Jahre 2011.**

von *Azorella trifurcata* gesäumt. Die Polster haben das Geröll überwachsen und bilden an Miniatur-Gebirge erinnernde Verbände.

Auf der Westseite laufen *Chiliotrichum diffusum* mit dem blauen Küstengras *Elymus magellanicus*, *Oxalis enneaphylla* und der Gewöhnlichen Grasnelke (*Armeria maritima*) aus – eine Anlehnung an die Pflanzenwelt der Falklandinseln. *Francoa*-Bestände geleiten zurück in das Valdivianische Thema. Feurige Blütenstände von *Lobelia tupa* und die dezent rosa blühende Verwandte *L. bridgesii* verbinden sich mit Schönmalve (*Abutilon*) und werden von *Margyrocarpus* umwachsen. *Berberidopsis corallina*, eine spektakuläre Kletterpflanze des Valdivianischen Regenwaldes, lehnt sich an die Westmauer.

Auf ihrer vorletzten Reise in die Südhemisphäre besuchte Ursula Mc Hardy die Drakensberge im Bereich des Sani Passes, der die Pflanzengesellschaften Lesothos und Natals auf 2800 m Höhe miteinander verbindet. Die Vegetationsbilder im südafrikanischen Areal des Gartens zeigen viele attraktive Blütenpflanzenarten der Sommerregengebiete. Ursula Mc Hardy trug ein Drittel der insgesamt 25 *Dierama*-Arten der Drakensberg-Flora zusam-

***Anaphaloides bellidioides***, **ein blühfreudiger Endemit der neuseeländischen Alpen.**

men. *Moraea huttonii*, *Hesperantha coccinea*, Schopflilie (*Eucomis*), *Berkheya*- und *Kniphofia*-Arten werden von *Kapmargeriten* (*Osteospermum*), *Felicia* und Schmucklilien (*Agapanthus*) begleitet. Ein nachempfundenes *Boulder Field* – ein trockenes Kiesbett eines Bachlaufs – wurde mit typischen Begleitpflanzen dieses Habitats bepflanzt. Hierzu gehören Pioniergehölze wie *Gomphostigma virgatum*, *Buddleja loricata*, *Glumicalyx*, der Halbstrauch *Phygelius capensis* und ein Elfensporn (*Diascia integerrima*).

Die Kap-Flora ist mit verschiedenen Restios (Restionaceen) und Geophyten vertreten. Unter anderem wurden Proteen, Goldmargerite (*Euryops*) und Pelargonien in das Fynbos-Areal eingebunden und getestet. In zwei kalten Wintern fielen jedoch zahlreiche Arten aus und wurden durch andere Gewächse ersetzt. Der südafrikanische Themenbereich ist das blüten- und farbenreichste Areal des *Walled Gardens*.

Pflanzen der südafrikanischen Flora finden sich auch fein abgestimmt im *Mixed Garden* am südöstlichen Ende des Gartens. Hier kombinierte Ursula Mc Hardy Sortenauslesen von Wildarten der Nord- und Südhalbkugel mit Gartenhybriden nach Lebensbereichen miteinander. Auffällige Blütenpflanzen wie die sogenannte Waterfall Gladiolus (*Gladiolus cardinalis*) hat sie mit großblumigen gelben *Hemerocallis*-Sorten, einfachblühenden dunkellaubigen Dahlien und *Phygelius* 'African Queen', Mädchenauge (*Coreopsis*), *Dierama* 'Guinevere' und grauen Kontrastgehölzen vergemeinschaftet. Kühle absonnige Bereiche sind Scheinmohn (*Meconopsis*), Riesenlilien, Himalaya-Primeln, Ourisien und den nordamerikanischen Porzellansternchen (*Houstonia caerulea* ) vorbehalten.

Außerhalb der Mauer sorgen ein Stein-, Wasser-, und Karnivorengarten für die Beruhigung der Sinne. Der Blick in den Hanggarten mündet an einem *Moon Gate*, ein mondförmiges Tor, das in den Gehölzgürtel oberhalb des *Walled Gardens* führt. Pagoden-Hartriegel *Cornus controversa* 'Variegata' und Japan-Waldgras strukturieren das Gartenbild.

Nach dem Tode Ursula Mc Hardys im Jahre 2011 übernahm ihre Tochter Lorna die Pflege und das Management des Gartens bis 2018. Über einen Zeitraum von 13 Jahren konnten sich die Vegetationsbilder entwickeln und aufzeigen, dass das Konzept Ursula Mc Hardys erfolgreich war. Dem großen Engagement Lorna Mc Hardys ist es zu verdanken, dass dieser Gartenschatz bis 2018 für die Öffentlichkeit zugänglich war.

Entscheidend für den nachhaltigen authentischen Ausdruck und das ökologische Zusammenspiel der Vegetationsbilder waren die intensiven Pflanzen- und Standortkenntnisse Ursula Mc Hardys und ihre gärtnerische Expertise, die Entwicklung geeigneter Pflanzenarten vorausschauend in die Mengenverteilung und Anordnung der Lebensbereiche einzuplanen. Ihr gelang es, die Erkenntnisse aus pflanzensoziologischer Betrachtung der Natur in eine faszinierende naturnahe Gartenidee zu übertragen. Sie zeigte damit, dass der ästhetische Anspruch und die saisonalen Höhepunkte eines Gartenbildes keineswegs im Widerspruch zum Ausdruck natürlicher Lebensgemeinschaften stehen.

*Pseudopanax crassifolius* zwischen *Astelia nervosa*-Horsten.

Tasmanischer *Snow Gum*-Wald (*Eucalyptus*) mit *Olearia* cf. *phlogopappa*, *Drymis lanceolata* und *Ozothamnus ledifolius*.

Windergriffene *Eucalyptus* im Australien-Areal mit *Wollemia nobilis, Dicksonia antarctica, Eucryphia milliganii* und *Drymis lanceolata.*

Patagonisches Vegetationsbild mit *Eucryphia glutinosa, Araucaria araucana, Nothofagus antarctica* und *Libertia chilensis* im Juni 2018.

**Flache Kraut- und Strauchschicht mit *Azorella trifurcata* 'Minor', *Baccharis magellanica, Calceolaria cavanillesii* und *Gunnera magellanica.***

*Berkheya, Dierama, Osteospermum* und *Glumicalyx* dominieren den Rand einer Kieszunge (*Boulder Field*). *Buddleja loricata* bildet einen strauchbetonten Hintergrund.

Rechte Seite: Westlich des *Walled Gardens* erstreckt sich der Orchideengarten mit zwei Teichen, Karnivoren und einem Steingarten, der an einem

# NATURNAHE GARTEN-BILDER VERBINDEN

Im nachfolgenden Kapitel schlagen wir nun die Brücke vom Vegetationsaspekt zu einer fließenden Gesamtkomposition im Garten. Vegetationsbilder bestehen häufig aus mehreren miteinander verwobenen Pflanzengesellschaften. Schnittstellen und Übergänge dieser verschachtelten Bereiche lassen sich individuell auf den Garten übertragen. Sie bieten die Möglichkeit, Pflanzthemen miteinander zu verknüpfen und Räume optimal zu nutzen.

# MODELLIERUNG / MIT GESTEIN UND TOTHOLZ GESTALTEN

Fassen wir einige Betrachtungen zusammen: Das Vegetationsgerüst in einem natürlichen Vorbild zu erkennen und daraus abzuleiten, erfordert eine schrittweise Schulung des Auges, wird aber auch stark vom persönlichen Bezug zu einer Landschaft geprägt. Je intensiver ich eine Landschaft erlebe, umso authentischer kann ich ihre Elemente erkennen und wiedergeben.

Die einzelne Pflanze und die Lebensgemeinschaft bzw. Pflanzenkombination stehen zunächst als Einheit und sind Indikatoren für einen ökologischen Verband. Landschaft wird aber erst durch das Zusammenspiel begleitender Elemente gemeinsam mit den Pflanzen gebildet und dadurch lebendig. Die Entwicklung eines Vegetationsbildes erfordert die Gewährleistung der Wachstumsfaktoren Wasser, Licht, Luftfeuchte und Bodeneigenschaften und wird durch die Bildung eines ökologischen Gesamtrahmens optimiert. Die Modellierung des Geländes und die gerüstbildende Anordnung vegetationstypischer Pflanzenarten bilden nun den Kern der ersten praktischen Schritte. Die Komplettierung und Herausbildung von Feinheiten und Details folgen erst später.

Bei der Betrachtung des Gartens analog zum Landschaftsbild liegt es nahe, Lebensbereiche des Gartens naturnah miteinander zu verbinden und ineinanderfließen zu lassen, so wie es uns die vernetzte Landschaft aufzeigt. Der Garten erscheint nicht nur natürlicher, es lassen sich Effekte und Aspekte betonen, harmonische Verknüpfungen herausbilden oder Gegensätze zusammenführen, ohne diese zu zerschlagen. Überraschungsmomente, Spannungsfelder und wechselnde Übergänge lassen sich durch vorausschauende Gerüstbildung nachhaltig inszenieren.

Eine Gestaltung kann an Ausdruck gewinnen, wenn natürliche Vorbilder einfließen und sich proportional und harmonisch in das Gesamtgefüge Garten einfügen. So wird mit einem geschulten Blick das natürliche Habitat zu einer unerschöpflichen Inspirationsquelle.

Bei der Auswahl einer Gesteinsart für den Garten sind bauliche und ästhetische Anforderungen zu beachten. Soll der Vegetationsaspekt in enger Anlehnung an einen natürlichen Standort umgesetzt werden und sind die Pflanzenarten an eine spezielle Bodenreaktion gebunden, muss die Gesteinswahl auch die chemischen Voraussetzungen erfüllen (zum Beispiel basisches Gestein – Muschelkalk); auch spielt die Funktionalität eine große Rolle. Wird ein Felskamm nachempfunden, sind kantige oder flache Bruchsteine für die Modellierung und die Bildung von Felsspalten erwünscht. Bei der Nachbildung eines Kiesbettes sind die Korngröße, die Farbgebung und die Form von entscheidender Bedeutung.

Jede Entscheidung hat visuelle und kulturtechnische Konsequenzen. Wie ein Gestein in der Natur ansteht oder abgelagert wurde, lässt sich in einer Gartensituation nachempfinden. Die Ablagerung von Bruchsteinen am Naturstandort kann wild und chaotisch erscheinen, bei genauer Betrachtung lassen sich jedoch Regelmäßigkeiten erkennen und für die Modellierung im Garten verwenden. Geländeneigung, Verwitterungsprozesse, die nachschiebende Gesteinsmenge, die Gesteinsart und ihre typische Bruchform sind unter anderem für die Ablagerungsrichtung und -form verantwortlich.

Die Frage nach der Ablagerungsform kann sich auch bei der Planung von Küstenthemen stellen. Soll ein Dünenaspekt vorherrschen, ein Band kleiner Findlinge einen Ablagerungswall andeuten oder spielen große Findlinge in einem wuchtigen Bild, das einer Steilküste entlehnt ist, eine dominante Rolle?

**Vorhergehende Seite: Mitte September beherrschen die Blütenkerzen der Stängelbildenden Fackellilie (*Kniphofia caulescens*) das gesamte Südafrika-Schaubeet des Palmengarten Frankfurt. Ein letztes Aufbäumen des Spätsommers, bevor die Herbstfarben in den Lebensbereichen des Steingartens das Regiment übernehmen.**

Ebenso effektvoll und funktionell wie Naturstein kann Totholz in einer Pflanzung wirken. In einem Primärwald sind umgestürzte Bäume, herabgefallenes Totholz und moosbewachsene Stümpfe allgegenwärtig. Sie sind ein wichtiger Bestandteil des Ökosystems und bieten Lebensraum und ein nachhaltiges Nährstoffangebot. Moose, Flechten, Pilze und Gefäßpflanzen besiedeln diese Nischen und ergänzen somit das Vegetationsbild im Detail. Insekten und Vögel und weitere Tierarten profitieren ebenfalls von diesem Lebensraum, sei es als Nahrungsquelle, für den Nistbau oder um sich vor Fraßfeinden zu schützen. Die Verwendung von Totholz kann daher im Garten auch ökologische Nischen entstehen lassen. Zur Vermeidung parasitärer Krankheiten und Schaderreger sollte jedoch nur gesundes Holz verwendet werden.

Die richtige Wahl der Holzreste ist ausschlaggebend für eine ausdrucksstarke ästhetische Qualität und Authentizität. Die Wirkung hängt von der Positionierung und Menge ab. Die Entstehung eines Kleinstlebensraumes ist wiederum abhängig von der thematischen Ausrichtung des Vegetationsbildes. Feuchte, waldartige Situationen begünstigen die Besiedelung der Holzreste mit Moosteppichen, Pilzen und Farnen. Aus dem Boden herausstehende Wurzeln und ineinander liegende Stammreste zeugen von dynamischen Prozessen und können analog Neubesiedelung und Habitat-Entstehung andeuten. Nacktes gewundenes Kernholz eignet sich um Heide-, Moor- und subalpine Themen zu transportieren. Spinnen nehmen diese Lebensräume

**Ein Beispiel einer Kalkstein-Blockhalde: 70 Prozent der Bruchsteine lagern horizontal und werden langsam nach unten zusammengeschoben. Im oberen Bildabschnitt ist die Blockhalde größeren Veränderungen unterworfen, es liegt ein höherer Anteil der Blöcke schräg.**

**Ein natürliches Vorbild eines Steingarten-Gerüstes am Nebelhorn bei Oberstdorf liefert Ideen für eine naturnahe Modellierung. Verschiedene Lebensbereiche und Mikrostandorte sind auf kleinsten Raum miteinander verbunden. Eine sanfte Hanglage mit alpinem Rasen wird von einem kleinen Bach durchflossen, der das Gewässer im Zentrum des Bildes speist. Die Ablagerung der Bruchsteine erfolgte in lockerem Bruch und Anhäufungen. In einer Gartensituation könnte man diese mit Substrat anfüllen, sodass sich kleine Pflanzinseln herausbilden. Interessant sind auch die bewachsenen Bruchsteininseln in der natürlich entstandenen Teichflächen.**

**Das perfekte Beispiel einer Interpretation einer alpinen Hanglage mit Gewässer, in Anlehnung an den gegenüberliegend abgebildeten Naturstandort, im Steingarten von Karl Rössle.**

häufig an. Moor- und Bruchwald wirkt authentisch mit Birkenholz. Kiefernstümpfe eignen sich für schattige Waldpartien. Belässt man stellenweise die Erde daran, können Glockenblumen, Salomonssiegel und Farne den Lebensraum schnell besiedeln. Abgestorbene Sträucher können als Kletterhilfe angenommen werden und panzerartige Rindenstrukturen, zum Beispiel von Schwarzpappel, Schwarz-Kiefer und Eiche, ergänzen die Strukturen der lebenden Pflanzen und der Natursteine.

Durch das Einsenken und Ausrichten der Holzreste gewinnt das Vegetationsbild an Raumwirkung und Natürlichkeit. Selten wird man in der Natur nur auf dem Oberboden aufliegendes Totholz finden. Die natürlichen saisonalen Prozesse bedingen einen Kreislauf, in dem bereits vom Bodenleben umgesetztes Holz wie auch von Laub, Pflanzen und Boden überlagertes verwitterndes Holz und neues Totholz gleichzeitig anzutreffen sind. Ähnlich verhält es sich auch bei Naturstein, der Verwitterungsprozessen unterliegt, von Erde überlagert wird, abrutscht, transportiert und von Wasser und Wind geschliffen wird.

Totholz, Felspartien, Gewässer und Wegränder werden natürlicherweise von Vegetation umsäumt oder fragmentarisch bewachsen. Das Bestreben der Pflanzen, Lebensraum zu besiedeln und das Mikroklima auszunutzen, lässt effektvolle Bilder und filigrane Details entstehen, die auch genauso im Garten genutzt werden können.

Waldaspekt mit opulentem Stammabschnitt einer Schwarzpappel mit breitscholliger Rinde. Die ausladende Wuchsform des Kettenfarns *Woodwardia unigemmata* fügt sich passend in dieses wildnishafte Bild ein.

# GESTALTUNG BESONDERER STANDORTE

**Visueller Übergang von Hochmoor, Bachlauf und Hangmoor mit der karnivoren Schlauchpflanze *Sarracenia flava*, dem Spaltgriffel (*Hesperantha coccinea* 'Major'), dem Horstgras *Poa cita* und dem Färber-Mammutblatt (*Gunnera tinctoria*). Durch Folie und Bachlaufmauer sind die Lebensbereiche voneinander getrennt.**

Wie lassen sich Nischenstandorte im Garten etablieren und ausgestalten? Anspruchsvolle und extreme Standortbedingungen wurden in diesem Buch bereits öfter kurz thematisiert. Im Folgenden sollen einige praktische Beispiele behandelt werden.

Moor- und Sumpfanlagen, Felsgesellschaften, luftfeuchte Lebensbereiche oder Sandpfannen sind Beispiele für Nischenstandorte, die auf die speziellen Bedürfnisse einiger Gartenpflanzen abgestimmt sind. Sie können schon in kleinen Gärten platzsparend eingebunden werden oder ein Gartenthema, zum Beispiel in einem Vorgarten, bestimmen. In größeren Gartenarealen können sie zu vernetzten Biotopen ausgebaut werden. Mit entsprechenden Materialien und gegebenenfalls mit Technisierung, zum Beispiel künstliche Bewässerung oder Enthärtungsanlagen, lassen sich optimale Bedingungen für Spezialkulturen schaffen. Anhand der nachfolgenden Beispiele soll jedoch gezeigt werden, dass es auch ohne großangelegten technischen Aufwand möglich ist, anspruchsvolle Lebensbereiche zu schaffen.

## SÜMPFE UND MOORE: FEUCHTBIOTOPE IM GARTEN

Die Verknüpfung von Gewässern, Sumpf- und Moorbereichen innerhalb eines Feuchtbiotops erfordert Fingerspitzengefühl, insbesondere bei der Vergesellschaftung der Arten. Sollen konkurrenzschwache Spezialkulturen integriert werden, müssen auch die benachbarten Pflanzen in ihrem Ausbreitungsverhalten beurteilt und darauf abgestimmt werden. Die Vergesellschaftung kleiner, konkurrenzschwacher Arten mit ausladenden oder wuchernden Arten sowie mit Pflanzengruppen, die sich aus der näheren Umgebung in die schwachwüchsigen Bestände spontan versamen, schafft häufig Frust und zusätzliche Arbeitsgänge. Die Dynamik und die Koexistenz von gerüstbildenden mittelhohen Pflanzen und anspruchsvollen grazilen Arten kann in der Gartenkultur nur bedingt nachempfunden werden. Pflanzen wachsen und reproduzieren sich im Garten anders als an ihrem natürlichen Standort. Die klimatischen Verhältnisse, Böden, Nährstoffverhältnisse und Wasserqualität weichen häufig vom natürlichen Habitat ab. In einem künstlichen Hochmoor können Besenheide (*Calluna vulgaris*) und Grönländischer Porst (*Rhododendron groenlandicum*) zum Saat-Beikraut werden. Die Sämlinge einer einzigen fruchtenden Pflanze reichen aus, um eine große Population des Rundblättrigen Sonnentaus (*Drosera rotundifolia*) im kommenden Jahr zu gefährden. Ähnlich kann es sich mit Wollgras-Arten verhalten, die mit Rhizomen den Moorboden unterwandern. Das mattenbildende Mammutblatt *Gunnera magellanica* und Teppichlobelien sind in der Lage niedrige Sauergräser, polster- und teppichbildende Pflanzen zu überwuchern, obwohl sie in der Natur mit diesen vergemeinschaftet sind.

## HOCHMOOR-BEETANLAGEN

Der Aufbau einer Hochmoor-Beetanlage ist einfach. Ausreichend ist ein 1 m tiefer, kastenförmiger Aushub, ausgelegt mit einer Latex-Teicholie. Dieses gelingt im Großen, wie im Kleinen. Auf der Latexfolie wird ein Zisternensystem aus aneinandergefügten umgedrehten kastenförmigen Wannen, hohen Eimern oder gespülten stabilen Kanistern erstellt. Diese sind an der Oberfläche mit Bohrlöchern versehen, die Kanister ganzflächig durchlöchern, damit Wasser eindringen bzw. die Luft aus dem Hohlraum entweichen kann. Ein wasserleitender Docht führt vom Behältergrund durch ein Loch an der Oberseite des Speichergefäßes in das darüber aufgetragene Substrat. Die Zisternen laufen bei Regen voll und das Substrat tränkt sich per Kapillarwirkung mit dem Zisternenwasser. Das Substrat besteht aus Weißtorf. Bei der Neuanlage sollte dieser gut durchfeuchtet sein, da er sonst beim Anfüllen mit weichem Wasser aufschwimmt. Etwa 15 cm unterhalb des Folienrandes wird eine Drainage installiert, die eine Überflutung des Folienbeetes verhindert. Ein Eindringen von Oberflächenwasser der Außenfläche muss dabei jedoch ausgeschlossen werden. Es empfiehlt sich ein erhöhtes Folienniveau, das von außen durch Modellierung kaschiert wird.

Mooranlagen mit einem hohen Speichervolumen sind bei einer Substratauflage von nur 20 cm in Jahren mit normalen Niederschlagsverhältnissen autark. Von besonderer Wichtigkeit ist die ausschließliche Verwendung von Regenwasser, sehr weichem oder enthärtetem Brauchwasser. Es lässt sich auf diese Weise ein faszinierender Lebensraum für Insektivoren, Orchideen und weiteren moorspezifischen Pflanzen schaffen, der besonders Kinder und Jugendliche für den Garten begeistern kann. Ohne Weiteres lässt sich das Hochmoor-Thema mit einer Teichfläche, mit Bachlauf-Systemen, Niedermoor- und Sumpfanlagen erweitern.

**_Pogonia ophioglossoides_, eine Moor-Orchidee aus Nordamerika, breitet sich durch unterirdische Rhizome aus und kann nach einigen Jahren malerische Bestände entwickeln.**

## TORFSODEN-TERRASSEN

Torf sollte im Garten aus Naturschutz- und Nachhaltigkeitsgründen nur spärlichst verwendet werden und nach Möglichkeit nur dann zum Einsatz kommen, wenn die gewünschten Pflanzen, wie Kalkflieher, ohne Torfeinsatz nicht zufriedenstellend wachsen oder das durch den Torfeinsatz entstandene Habitat langfristig die eingebrachte Torfdecke erhält und dadurch die Kulturbedingungen für Arten saurer Böden nachhaltig optimiert werden.

Bei der Verwendung von Torfsoden zur Ausgestaltung von Terrassenbeeten, Pflanztaschen, Wänden und Hochbeeten dienen die Soden als Baustoff, Lebensraum und zur Bildung eines Mikroklimas. Sie sollten aus Gründen der Ressourcenschonung vornehmlich für Spezialkulturen eingesetzt werden, die von den begünstigenden Bedingungen im Bereich der Torfsoden profitieren. Dies soll Kombinationen mit pH-indifferenten Arten (sauer bis basisch) jedoch nicht ausschließen, sondern eine Selbstorganisation in Gang bringen, die das Torfsodengerüst nachhaltig als Kleinstbiotop erhält. Es gibt einige Pflanzen, die besonders gut auf und zwischen den Torfsoden gedeihen und einen mosaikartigen Verband entstehen lassen, zum Beispiel Japanische Schaumblüte (*Tanakaea radicans*), Korallenmoos (*Nertera depressa*) und Bubiköpfchen (*Soleirolia soleirolii*). Die attraktivste Variante ist die Bepflanzung mit Tibet-Orchideen (*Pleione limprichtii)* und *P. bulbocodiodes*). Die zierlichen Orchideen erblühen mit großen Einzelblüten vor und während der Laubentwicklung. Im Anschluss verleiht das glänzende zungenförmige Laub der Pflanzung eine exotische Ausstrahlung.

Die Kulturidee, Pflanzen in einem mauerartigen oder stufigen Torfsodengerüst zu kultivieren, geht auf die 1920er-Jahre zurück. Im westlichen Schottland wurden Standortbeobachtungen britischer Pflanzensammler im Himalaya auf die Gartenkultur neu entdeckter Arten angewandt. Berühmte Gärten wie der Branklyn Garden perfektionierten diese Idee. Die Beetflächen schließen mit puren Torfsoden ab, während sich der Füllboden der terrassierten Beetflächen überwiegend aus saurem Lehm, Lauberde, Urgesteinssplitt und je nach Bedarf Torf zusammensetzt. In diesem drainierten Substrat bilden niedrige Primelgewächse, Orchideenarten, Dreiblatt (*Trillium*), blaue Lerchensporne, Ingwerorchideen und Herbst-Enziane ein gesundes Wurzelsystem aus und erfahren durch die stetige Verdunstung der feuchten Torfsoden Kühlung und Luftfeuchte. In den Torfsoden-Zwischenräumen und zum Teil auch auf den Torfsoden wachsen unter anderem Wald-Pflanzen (Troddelblumen, zum Beispiel *Soldanella montana*, Diapensiaceen), Pflanzen sickerfeuchter Fels- und Rieselfluren (Simsenlilien, zum Beispiel *Tofieldia nuda*, Fettkräuter wie *Pinguicula vulgaris*), subtropische Hochlandarten humoser Felstaschen und Epiphyten sowie subantarktische Moorpflanzen sehr gut. Eine Torfsodenwand kann wie eine Ziegelmauer aufgebaut werden, je höher der Aufbau erfolgt, umso gleichförmiger und stabiler müssen die Soden sein. Der anstehende Druck des dahinterliegenden Substrats, eine mögliche Belastung durch Schneeauflage und gelegentlicher Starkregen sollten beim Aufbau einkalkuliert werden. Die Soden können auch längs nach hinten in die Beetfläche verlegt werden und mit einer Substratschicht überzogen werden.

Wenig konkurrierende teppich- und rasenbildende Pflanzen und niedrige Kissen dürfen die Soden flächig überwachsen; sie schützen die Oberflächenstruktur gemeinsam mit Moosen und Zwergfarnen. Aus diesem Teppichmosaik wachsen die anspruchsvolleren Arten heraus. Korallenmoos (*Nertera depressa*), Bubiköpfchen (*Soleirolia soleirolii*), Rebhuhnbeere (*Mitchella repens*) und *Veronica decora* sind zu diesem Zwecke geeignet. Arten der Gattungen *Soldanella* (Troddelblumen), *Shortia* und *Schizocodon* (Winterblatt), *Philesia* (Kussblume), *Ourisia*, *Vaccinium* (Blaubeere), *Ramonda* (Felsenteller), *Rehmannia* (Chinafingerhut), *Pleione* (Tibetorchidee) und *Tripterospermum* (Kletter-Enzian) gehören zu den Pflanzen, die in der Sodenwand beste Bedingungen vorfinden. Es empfiehlt sich, je nach individuellen Kulturansprüchen den terrassierten Beetbereich jedes Jahr dünn mit Laub-, Nadel- oder Rindenhumus zu mulchen.

Frisch bepflanzte Sodenwand mit *Pleione bulbocodioides*, Bubiköpfchen (*Soleirola soleirolii*), Farnen und der Krötenlilie *Tricyrtis macranthopsis*.

Die gleiche Bepflanzung vier Monate später.

Ende April blüht *Pleione bulbocodioides* aus der Torfsoden-Einfassung eines Monsun-Beetes im Palmengarten heraus. Die dahinter liegende Beetterrasse wird von blauem Lerchensporn (*Corydalis elata*) und verschiedenen Waldpflanzen bestimmt.

Die gleiche Pflanzung wie auf der vorhergehenden Seite im Herbst: *Hemiboea subcapitata*, ein Gesneriengewächs aus China, wächst direkt auf einer Torfsodenwand. Die wüchsige Art blüht spät, und zwar dann, wenn das Herbstlaub der Roscoeen und Orchideen leuchtet.

**Der patagonische Kaktus *Austrocactus* cf. *coxii* in einer sauren Ryolith-Felsspalte mit Federgras (*Jarava humilis*) und einer *Nassauvia*-Art aus der Familie der Korbblütler. Die Pflanzenarten wurzeln tief im rissigen Gestein und sind aufgrund der geringen Jahresniederschläge (150 mm) durch gedrungenen Wuchs und Speicherorgane an Trockenheit, Wind und Sonneneinstrahlung angepasst.**

## WINTERHARTE KAKTEEN

Die Anzahl in Kultur winterharter und bedingt winterharter Kakteenarten ist erstaunlich hoch. Unter Beachtung ihrer speziellen Kulturansprüche können diese Arten im Garten sehr alt werden und mit leuchtenden Blüten, unterschiedlichen Wuchsformen und markanter Bedornung auffallen und gefallen. Gute Bedingungen erfüllen erhöhte Pflanzinseln, ein Trockenmauerwall, geneigte Beetanlagen und Beete unter der Traufe von Gebäuden. Der Pflanzplatz sollte über einen tiefgründig drainierten Unterbau mit einer mineralisch betonten, lockeren durchlässigen Substratauflage mit zum Beispiel hohen Lavagrus-, Bims- und Ziegelsplitt-Anteilen verfügen. Das künstliche Habitat wirkt besonders authentisch, wenn es mit Naturstein modelliert wird. Plateaus, Taschen und Felsritzen können auf diese Weise simuliert werden. Einige Kakteen sind erstaunlich winterhart, wenn sie im Winter mit einem Dach vor Nässe geschützt werden.

*Echinocereus triglochidiatus*, *E. reichenbachii* und *E. coccineus* var. *paucispinus* gehören zu den härtesten Arten. Sie konzentrieren im Winter ihren Zellsaft und können Temperaturen bis −25 °C überstehen. Empfindliche Arten können gemeinsam mit weiteren Sukkulenten, Farnen und bedingt winterharten Bromelien (*Fascicularia bicolor*, *Ochagavia carnea* und *Puya alpestris* subsp. *zoellneri*) in einem tiefen gemauerten Frühbeetkasten oder Erdhaus kultiviert werden.

Je nach Lichtanspruch der Pflanzenarten kann die Kulturfläche ebenerdig angelegt werden oder sie wird mit durchlässigem

Substrat und Bruchsteinen als kleiner Hang im besten Falle in südseitiger Exposition aufgeschüttet. Das gleiche Modell kann auch für bedingt winterharte Gesneriengewächse wie zum Beispiel *Briggsia muscicola*, *Titanotrichum oldhamii*, *Ancylostemon saxatilis* und *Petrocosmea minor* in sonnenabgewandter Exposition angewandt werden. Im Winter wird die Pflanzfläche mit einer wetterfesten isolierenden Folie oder mit beispielsweise Doppelstegplatten vor Nässe und Kälte geschützt. Wenn es die Temperaturen zulassen, sollte möglichst durchgehend gelüftet werden, um die Pflanzen abzuhärten und kompakt zu halten sowie die Bildung von Tropfwasser zu verhindern. Sobald die Temperaturen die Kultur gefährden, muss das Kastensytem mit der Abdeckung isoliert werden und sobald die Temperaturen es zulassen, wieder belüftet werden. Die meisten bedingt winterharten Kakteen beginnen im Herbst, den Zuckergehalt ihres Zellsaftes zu konzentrieren und zu schrumpfen. Sie müssen im Winterhalbjahr trocken gehalten werden. Einige Sukkulente sowie Farne, Bromelien und Gesneriengewächse müssen hingegen bei Bedarf vorsichtig ausgegossen werden.

Sukkulenten können wie alpine Pflanzen auch dekorativ in Trögen vergemeinschaftet werden. Diese Miniaturgärten lassen sich mit Gesteinsbruch individuell naturhaft ausgestalten. Im Herbst können die Tröge mit einem Sackkarren unter ein Dach gefahren werden und bleiben dort je nach Nässeempfindlichkeit bis April, spätestens bis Anfang Mai. Das Wachstum wird zunächst durch vorsichtiges Angießen angeregt und gesteigert. Viele Arten beginnen bald darauf mit der Blüteninduktion. Patagonische Kakteen (*Maihuenia*, *Austrocactus*) und südafrikanische Mittagsblumen (*Delosperma*) sollten im Winter nicht vollkommen austrocknen.

**Im Garten von Wolfram und Angela Kircher bilden Kakteen den Schwerpunkt eines Spaltengartens, der direkt an der Außenfassade des Wohnhauses angelegt wurde. Die Felsspalten erinnern an Felsstandorte der Baja California oder der patagonischen Steppe. Die Pflanzen werden im Winterhalbjahr mit einer Abdeckung vor Nässe geschützt.**

Die Alpen-Kratzdistel (*Cirsium spinosissimum*) und der Graue Alpendost (*Adenostyles alliariae*) in Kodominanz. Die schwunghafte natürliche Besiedelung des Standortes kann als Vorbild für eine dynamisch wirkende Pflanzung dienen. Im Vordergrund steht bei diesem Beispiel die visuelle Wirkung von Grauem Alpendost und Alpen-Kratzdistel. Sie können im Flachland auch durch robustere Arten ersetzt werden, die in heißen Flachlandsommern bestehen.

# PFLANZENSÄUME

Pflanzensäume begegnen uns in der Landschaft auf Schritt und Tritt. Auf Ruderalflächen in der Stadt begrenzen Grasarten, mehrjährige Kräuter und kurzlebige Pflanzen häufig den Wegesrand. Hochstauden und Weiden säumen Uferbereiche und Moore werden von bewachsenen Schlenken durchzogen. Wir können Säume im Garten als Bindeglieder einsetzen.

# PFLANZLICHE ÜBERGÄNGE

Bänder und Wellen werden als Drifts bezeichnet und sind ein wichtiges Stilmittel in Staudenpflanzungen, um Blüheffekte, Struktur, Grüntöne und Bewegung in einem Pflanzbild hervorzuheben (zum Beispiel *Echinacea*-Bänder in einer Prärie-Pflanzung). In einer Landschaft kann ein Drift von einer Wiesenpflanze bestimmt werden, die eine Wasserader mäandernd besiedelt. Besonders auch in ariden Regionen lassen sich solche Phänomene häufig beobachten, zum Beispiel in Patagonien (Seite 125). Anhand solcher Analogien lassen sich im Garten minimalistische Aspekte herausbilden. Steinwüsten südlich des marokkanischen Atlas erscheinen auf den ersten Blick fast vegetationslos – Zwergstauden, Geophyten und niedrige Sukkulenten gehören zu den Pflanzen, die aus der Ferne zunächst nicht wahrgenommen werden. Saisonal wasserführende Adern sind jedoch durch die Populationen niedriger Sträucher sichtbar. Sie laufen in ruhigen Wellen die Hügel der Steinwüsten herab. Ähnliche Bilder lassen sich auf erstarrten Lavaströmen (zum Beispiel Madeira oder Patagonien) beobachten. Die Präsenz silbrig belaubter Korbblütler und sukkulenter Wuchsformen ruft dekorative Kontraste mit der Bänderung und Ausfärbung des Gesteins und den Begleitpflanzen hervor.

Den Abschluss einer Pflanzung bildet im Garten in der Regel eine Begrenzung zu einem Weg, einer Terrasse oder Rasen. Die Andeutung von natürlich gewachsenen Säumen lässt die Übergänge zu harten Wegkanten oder monotonen Rasenflächen weicher erscheinen. Mit der sukzessiven Besiedlung von Mauerfugen, Plattenritzen und Rasenflächen (zum Beispiel durch Frühlingsgeophyten) wird eine Verbindung zur Wohnfläche, Infrastruktur und anderen Pflanzthemen herbeigeführt. Die Verbindung zu Gebäuden und zur umgebenden Landschaft kann durch die fließende Reduzierung vegetationstypischer Elemente erfolgen, zum Beispiel durch locker auslaufende Lippenblütler

**Geophyten-Saum mit Geweih-Iris (*Iris bucharica*). Sobald die Schwertlilien verblüht sind, bestimmt der Himalaya-Indigostrauch (*Indigofera heterantha*) aus der zweiten Reihe das Bild.**

*Libertia grandiflora* in einem schwunghaften Blütenband im Mai. Die Geländemodellierung fordert eine dynamische Anordnung der Pflanzung regelrecht ein. Die weißen Blüten fließen analog zum Bachlauf den Hang herab und werden von diesem und dem Treppenweg begrenzt, bilden aber eine Einheit. Da das Bachufer gemauert ist, stehen die Libertien nicht im nassen Ufersaum.

und niedrige Federgräser eines Trockenrasens bzw. Kiesgartens. Ein wichtiger Aspekt ist bei dieser Betrachtung die Verschachtelung von Lebensbereichen.

Vegetationsübergänge können durch kombinierte Gras-Blütenstauden-Säume – zum Beispiel mit Fingerkraut (*Potentilla*), Seggen (*Carex*) und Sonnenröschen (*Helianthemum*) – Baumreste, Mulch und Naturstein eingeleitet werden. Strukturstarke Sträucher, Hochstauden und Gräser können durch Verdeckung dahinterliegender Pflanzungen Überraschungsmomente hervorrufen. Sie können unterbrechen, abschließen, überleiten und durch saisonale Verwandlung (Farbe, Kontur, Frucht) Aspekte bilden. Am Beispiel eines wege- und bachlaufbegleitenden Saumes mit Neuseelandiris (*Libertia grandiflora*) werden die saisonalen Effekte deutlich. *Libertia* (Andeniris), eine südhemisphärische Gattung aus der Familie der Schwertliliengewächse, wächst überwiegend horstig und wirkt durch ihre linearen, parallelnervigen Laubblätter grasartig. Aus den frischgrünen Horsten entspringen im Mai 80 cm hohe Blütenstände, deren weiße Blüten aufgrund reduzierter Petalen an Tradescantien erinnern.

Nach der Blüte wirken die Fruchtstände von *Libertia grandiflora* kontrastreich und strukturstark. Die binsenähnlich erscheinende Grundfläche bezieht nun die sommerblühende Tibet-Primel (*Primula florindae*) und benachbarte Fackellilien sowie das australische Süßgras *Poa labillardierei* ein.

Der staunasse Saum eines patagonischen Moores mit der Seefeder (*Blechnum penna-marina*) und *Gunnera magellanica*.

Anmoorige saure Ränder können mit einem charakteristischen Verband aus *Gunnera magellanica*, Niedere Moorbinse (*Isolepis cernua*), Seefeder (*Blechnum penna-marina*), *Rostkovia magellanica* und *Symphiotrichum vahlii* dem natürlichen Beispiel auf den Falklandinseln und in Patagonien nachempfunden werden. *Selliera radicans*, neuseeländische Seggen, Rasen-Lippenmäulchen (*Mazus radicans*) und *Lobelia pedunculata* eignen sich für ähnliche Konzepte.

# WASSER ALS VERBINDENDES ELEMENT

Gartenbilder mit Wasser zu verbinden, schafft zusätzliche visuelle Reize und ist aus ökologischer Sicht wertvoll. Wasser steht sinnbildlich für Kraft, Frische und Dynamik, ebenso kann es die Attribute Stille, Zeitlosigkeit, Reinheit und Beruhigung verkörpern. Dies lässt sich in Kombination mit den eingangs behandelten Wechselwirkungen von Pflanze, Gestein und Totholz zu einem Ganzen zusammenführen. Wie erfrischend wirkt ein Bachlauf mit einem Bett aus farblich attraktiven Bruchsteinen, ausgeschmückt mit leuchtenden Sumpfprimeln, Ligularien und Farnen. Silhouetten ausladender Kopfgräser (*Carex paniculata*, *C. secta*), aufstrebender Binsen und *Iris*-Bestände können Fließgewässer und Teiche strukturieren. Immer wieder geht es auch hier um das Wechselspiel zwischen Beruhigung und Dynamik (die Foerstersche *„Harfe und Pauke“* lässt sich hier erkennen), denn die Kombination mit den Elementen bestimmt den Grad des Effektes einer Pflanze. Fließgeschwindigkeit, Gesteinsform und -menge, Positionierung der Strukturpflanzen, die Lichtmenge und die Wahl und Anordnung der Nachbarpflanzen bestimmen die Wirkung des Lebensbereiches.

Die Ausgestaltung von Teichflächen eröffnet weitere räumliche und lebensraumbildende Möglichkeiten. Je nach Wassertiefe können aquatische Pflanzen eine zusätzliche Gartenebene bestimmen.

**Die Tibet-Primel (*Primula florindae*) und *Ligularia* im Ufersaum eines Bachbettes. Die geschwungene Modellierung mit schroffem Naturstein und die Begleitpflanzung aus spontan etablierten Farnen verleihen der Pflanzung eine kraftvolle naturnahe Wirkung.**

**Die Fließbewegungen eines Wassersturzes werden betont durch am Gewässerrand angelegte Teppiche „fließender" Stachelnüsschen. Die belaubten Ästchen simulieren das Wasser, während das Gesteinsbett von den braunen Fruchtständen angedeutet wird.**

**Im Kollektiv wirken die winzigen Blüten der australischen Teppichlobelie *Lobelia pedunculata* wie die Oberfläche eines Teiches. Der aufhellende Blütenteppich hebt die Konturen und Farben der benachbarten Pflanzen hervor.**

Die asiatische Gartenkunst hat sehr früh Analogien in der Natur entdeckt, verkörpert und symbolisch verankert. Die feine Beobachtung des Charakters von Pflanze, Stein, Wasser bzw. aller Naturelemente findet sich in unterschiedlichen Disziplinen wieder. Die Wuchsformen der Pflanzen fließen seit jeher in diese Gartenphilosophie ein. Diese Symbolik und den ästethischen Ausdruck können wir gezielt in die Ausdrucksformen unserer Gartenbilder integrieren und interpretieren. Beispiel dafür können gewässerbegleitende Pflanzen sein, die die Dynamik und Bewegung des Wassers simulieren, oder Latschen-Kiefern, die in bizarren Wuchsformen Kalkschutt-Felder säumen und dabei Ruhe ausstrahlen. Die reduzierte, aber starke Gesamtwirkung lebt von den Konturen und Farben von Kiefer und Gestein im Zusammenspiel mit dem Wetter.

Silbrig kontrastierende Pflanzenbestände können in flächiger Anordnung ausdrucksstark Wasserflächen oder Eis nachempfinden, zum Beispiel Schafsteppich (*Raoulia australis*) in Bachlaufform oder Teppichlobelien (*Lobelia pedunculata*) in Schlenken. Man könnte hier einwenden, dass die Grenze zwischen naturalistischem Stil und effektvollem Gartendesign überschritten ist. Gerade solche Vegetationsaspekte finden sich aber auch in der Natur, insbesondere in der südhemisphärischen Pflanzenwelt mit zum Teil extravaganten Kombinationen. Die Kontraste zwischen silbrigen, rotbraunen und olivgrünen Matten und Laubtexturen sind für das europäische Auge zunächst ungewohnt und exotisch, in der Natur jedoch seit 80 Millionen Jahren Programm.

Bachläufe können am Naturstandort auch komplett von Vegetation überwachsen sein. In der Fernwirkung zeigt sich dann ein mäanderndes Bachbett komplett in Grün. In der Südhemisphäre sind solche Situationen oft geprägt von *Ranunculus truliifolius*, *Caltha sagittata* und *Lobelia pedunculata*, in der Nordhemisphäre von Bachbungen-Ehrenpreis (*Veronica beccabunga*) und *V. turbicola* sowie Brunnenkresse (*Nasturtium*).

Die Einbindung von anspruchsvollen, pflegeintensiven Standorten kann innerhalb eines ausbalancierten Gesamtrahmens eine wertvolle und spannende Ergänzung sein und eröffnet insbesondere im Privatgarten interessante Schnittpunkte von Lebensbereichen.

# VERSCHACHTELTE LEBENSBEREICHE

## IM PALMENGARTEN FRANKFURT

„Schrittweise Verbindung schaffen, dynamische Prozesse einleiten und beobachtend eingreifen, steuern und optimieren."

Unter dieser Maßgabe begann im Jahre 2013 die etappenweise Etablierung des Gräsergartens auf dem Gelände des ehemaligen Heidegartens im Palmengarten, Frankfurt am Main. Die Nähe zum benachbarten Steingarten ermöglichte die Herausbildung von Vegetationsübergängen in neue Themenbereiche, die miteinander ein großes Ganzes ergeben. Die bereits veranschaulichten Gestaltungssaspekte der vorangegangenen Buchkapitel finden sich nun in der Gesamtkomposition wieder. Im Gräsergarten verbinden sich geografisch angedeutete Vegetationsaspekte der Süd- und Nordhemisphäre mit dem *Mixed Garden*-Prinzip. Im Steingarten hingegen liegt der Gestaltung primär ein geografisches Konzept mit ursprünglichen Wildarten zugrunde. Geografische Vermischungen aufgrund ökologischer Gemeinsamkeiten werden aber auch in dieses Konzept integriert. Insbesondere Schnittstellen und Berührungen unterschiedlicher Themengärten in einem fließenden Gartenbild zeigen sich hier ausgesprochen effektvoll und detailreich.

**Vorhergehende Seite: Eine breite Kieszunge simuliert ein ausgetrocknetes Bachbett im Zentrum des Gräsergartens im Palmengarten, Frankfurt am Main. Niedrige und hohe Pampasgras-Auslesen, Atlas-Schwingel (*Festuca mairei*), *Nasella tenuissima*, Rutenhirse (*Panicum virgatum*), Indianergras (*Sorghastrum nutans*) und *Carex comans* leuchten im Herbstlicht.**

## IMPOSANTE GRÄSER

Der weit ausladende, etwa 600 m² große ehemalige Heidehang mit einer ebenso großzügig auslaufenden flachen Pflanzfläche war prädestiniert für ein fernwirkendes Szenario, das künftig von südamerikanischen Pampasgräsern dominiert werden sollte. Mit Pampasgras einen Steppencharakter zu inszenieren, in Anlehnung an natürliche Standorte der argentinischen Pampa, Flussläufe Patagoniens und des peruanischen und bolivianischen Hochlandes, war neu und ambitioniert. Das bekannte Amerikanische Pampasgras (*Cortaderia selloana*) trifft man oft als Solitärgras in Vorgärten an. Das Anliegen war, der üblichen Pampasgrasverwendung mit einer naturalistischen Konzeption einen Kontrapunkt entgegenzusetzen.

Der Modellierung des Hangs ging ein Erdaustausch voraus. Der Erdaushub mit invasiven Wildkräutern wurde durch ein Lavasubstrat ersetzt (40 cm Oberboden). Die Pampasgräser wurden in verschiedenen Sorten und Arten höhengestaffelt auf dem Hang angeordnet. Das mit rund 60 dieser Pflanzen bepflanzte Areal wurde durch eine grobe Kieszunge unterbrochen, die den natürlichen Lebensraum von Pampasgräsern andeuten soll. Das Amerikanische Pampasgras besiedelt häufig am Naturstandort sedimentreiches Schwemmland (alluviale Böden) in Ufernähe von Flüssen, Bächen und Lagunen. Neuseeländische und australische Horstgräser wurden als Farbkontrast und filigrane Elemente an den Kiestraufen eingesetzt, der flache untere Teil der Pflanzung wurde den Gräsern der Nordhemisphäre gewidmet. Ein Gehölz- und Staudengerüst der alten Pflanzung blieb erhalten. Ruten-Hirse (*Panicum virgatum*), Rasen-Schmiele (*Deschampsia cespitosa*), Rohr-Pfeifengras (*Molinia arundinacea*) und Lampenputzergras (*Pennisetum*-Arten) sollten die bestimmenden Arten sein. Die Pflanzung entwickelte sich üppig. Das Zusammenspiel von herbstlicher Rasen-Schmiele und imposanten Pampasgräsern im Hintergrund war kraftvoll und zugleich leicht und naturhaft. Doch einige Pampasgras-Klone wichen komplett von der beschriebenen Sortenhöhe ab und passten nicht in die angedachte Höhenstaffelung. Das Bild wurde zu wuchtig und statisch-monumental.

Im Februar 2016 erfolgte der entscheidende Schritt, die Fläche nach unten zu erweitern. Die Kieszunge sollte sich in der

Ebene öffnen und flach auslaufen. Der Gedanke einer Verbindung von Nord- und Südhemisphäre konkretisierte sich zunehmend. Die geografische Idee sollte bestehen bleiben, sich aber treffen und vermischen dürfen. Die ökologisch geprägte Simulation eines ausgetrockneten Bachbettes wurde durch Pflanzen des Lebensbereiches der Kieszunge erweitert, hier südafrikanische Pflanzen der Geröllhalden an Gebirgsflüssen und Berghängen (*Boulder Fields* und *Boulder Screes*) wie *Gomphostigma virgatum*, Pflanzen aus Küstenkies-Ablagerungen wie Küsten-Meerkohl (*Crambe maritima*) und Pflanzen glazialer Moränen wie neuseeländische *Carex*-Arten. Das südamerikanische Thema wurde um Arten wie Kugel-Sommerflieder (*Buddleja globosa*) und Falsche Heide (*Fabiana imbricata*) erweitert; sie treten in Gemeinschaft mit *Cortaderia araucana* in Patagonien auf. Steppenelemente der nordamerikanischen Prärie wurden mit Indianergras (*Sorghastrum nutans*) und Liebesgras (*Eragrostis spectabilis*) integriert, eurasische und amerikanische Elemente mit der Gattung *Eryngium* (Mannstreu). Eine besondere Verbindung der nordamerikanischen und südamerikanischen Verbreitung stellt *Nasella tenuissima* dar, die mit dem trockenheitsresistenten Atlas-Schwingel die innere Kieszunge bestimmt. Arten der südafrikanischen Hochlandwiesen folgten mit Trichterschwertel (*Dierama*), *Berkheya*, Montbretien (*Crocosmia*) und *Watsonia pilansii*. Zudem übernahmen kurzlebige Pionierarten wie die Nachtkerze *Oenothera magellanica* das Regiment in der Anwachsphase und werden jetzt stellenweise belassen. Einen saisonalen Höhepunkt bilden spätblühende Drifts von *Nerine bowdenii* mit niedrigen Pampasgras-Auslesen, den Grautönen von *Gomphostigma* und *Senecio macrospermus* und den herbstlich vergilbenden Laubblättern des atlantischen Meerkohls (*Crambe maritima*).

Im Winter werden die Fruchtstände der Gräser so lange belassen, bis sie knicken. Die Pflanzung gewinnt besonders im Winter durch Raureif und Licht an Stimmung. Zuvor bewirken intensive Herbstfarben der umgebenden Gehölze einen späten Farbenrausch. *Ginkgo biloba* und Urweltmammutbaum (*Metasequoia glyptostroboides*) bilden einen leuchtenden Hintergrund zu den Pampasgräsern.

**Eine Kombination ausladender lichtdurchfluteter und straff aufrecht blühender Pampasgras-Sorten, honigfarbenem Indianergras (*Sorghastrum nutans*) und gigantischen Blütenhalmen des Ravenna-Grases (*Saccharum ravennae*) bilden im Gräsergarten einen effektvollen Hintergrund. Im vorderen Beetbereich laufen die Pampasgräser in niedrigen Wuchsformen aus. *Nerine bowdenii* durchwandert das lockere Gerüst und das südafrikanische Greiskraut *Senecio macrospermus*, der Küsten-Meerkohl (*Crambe maritima*) und rostbraune Seggen (*Carex comans*) kontrastieren die stimmungsvolle Szenerie.**

Silbergraue Farbeffekte mit *Eucalyptus pauciflora* subsp. *niphophila* und Küsten-Meerkohl (*Crambe maritima*) beleben und segmentieren das naturhafte Bild. Exotische Blütenfarben, wie die der Fackellilien (*Kniphofia ritualis*) leuchten dadurch umso auffälliger und lassen sich auf diese Weise harmonisch in das Gesamtgefüge einbinden. Das Indianergras bringt schwunghafte Leichtigkeit und Farbe, während das Pampasgras in der Bildmitte (*Cortaderia pumila*-Gruppe) aufhellend und füllig wirkt. Im Hintergrund strahlen die lockeren Blütenstände des patagonischen Pampasgrases *Cortaderia araucana* wieder Leichtigkeit aus.

## GEHÖLZRÄNDER INTEGRIEREN

Die an die Randbereiche grenzenden Gehölze bilden den Übergang zu verschiedenen Lebensbereichen, vor allem mäßig feuchte Böden in absonnigen bis halbschattigen Lagen und frische humose Situationen. In sonniger Position setzen sich zum Gehölzrand Gräser wie *Panicum virgatum* 'Northwind', *Molinia arundinacea* 'Windspiel' und *Deschampsia cespitosa* fort, unterstützt werden sie von Hochstauden wie Harzige Becherpflanze (*Silphium terebinthinaceum*) und Scheinaster (*Vernonia arkansana*) sowie saisonal von *Camassia* 'Zwanenburg'. Die absonnigen Lagen werden von exotisch wirkenden texturbetonten Pflanzen dominiert. Die Kalla-Arten *Zantedeschia jucunda* und *Z. aethiopica*, *Cautleya spicata*, Japan-Ingwer (*Zingiber mioga*), Schildblatt (*Darmera peltata*) und *Lilium henryi* gehen mit der gelbblütigen Strauchpfingstrose *Paeonia lutea* ein ausdrucksstarkes Wechselspiel ein. Im Herbst färbt sich das Laub der Stauden und der *Paeonia* intensiv, ebenso leuchten die Blattstiele der Pfingstrose aus dem Dickicht. Unterhalb der geschwungenen Krone einer *Pinus sylvestris* 'Watereri' setzen mittelhohe Geißbart-Sämlinge und Kleiner Geißbart (*Aruncus aethusifolius*) das Herbstbild fort.

**Das südfrikanische Aronstabgewächs *Zantedeschia jucunda* gedeiht auch im lichtreichen Gehölzrand. Im Herbst lassen seine exotisch gefleckten Laubblätter ein dekoratives Zusammenspiel mit den intensiven Laubfarben der Gelben Pfingstrose (*Paeonia lutea*) entstehen.**

Das reife Gehölzgerüst, das den Gräsergarten umgibt, lässt weitere Lebensbereiche entstehen und sorgt für spannungsreiche und stimmungsvolle individuelle Aspekte – ein abwechlungsreiches Zusammenspiel zwischen lichtreichen offenen Situationen und absonnigen Bereichen, die es besonders im Spätsommer und Herbst zu entdecken gilt.

Im Hochsommer bestimmen die bromelienähnlichen Blütenstände von *Cautleya spicata* die Nachbarschaft der Gelben Pfingstrose.

Im nördlichen Teil des Steingartens verbinden sich nordhemisphärische Hochstauden mit den leuchtenden Farben des Südafrika-Schaubeetes, einem südpazifischen *Tussock*, imposanten Mammutblatt-Beständen in einem Hangmoor und verschiedenen Feuchtbiotopen. Die unterschiedlichen Areale sind durch Wege und Gewässer getrennt, bilden aber im Gesamtgefüge ein verwobenes Bild.

Oberhalb der Hochstaudenflur öffnet sich der weite Hang des Südafrika-Schaubeetes. Von Früh- bis Mittsommer bilden hier verschiedene *Berkheya*-Arten, Trichterschwertel (zum Beispiel *Dierama pendulum*) und Kapfuchsien ein exotisches Farbspektakel.

## TUSSOCK, MOOR UND STAUDENRIESEN

*Pinus sylvestris* 'Watereri' leitet die Lebensbereiche des Steingartens ein. Hochstauden dominieren im Früh- und Hochsommer den Ostflügel des nordseits abfallenden Tälchens. Das leichte Gelb von Pyrenäen-Eisenhut (*Aconitum lamarckii*) bestimmt zu diesem Zeitpunkt das Hochstaudenbild. *Cirsium purpuratum*, eine imposante kurzlebige Distel, versamt sich spontan und verändert das jährliche Bild der Pflanzung: Die Fuji-Distel gehört zu den attraktivsten Disteln, ist aber weitgehend unbekannt und leider selten in Kultur. Ihre tief eingeschnittenen Laubblätter sind in einer stattlichen Rosette angeordnet. Ihr entspringen im Juli und August 80 cm hohe Blütenstiele mit purpurvioletten Korbblüten, deren Hüllblätter dekorativ gefärbt sind.

Die Hochstaudenflur wurde dem anstehenden Giersch zur Konkurrenz gepflanzt. Wiesenrauten (*Thalictrum rochebrunianum* und *Thalictrum* 'Elin'), Rittersporn (*Delphinium*-Hybriden), Große Sterndolde (*Astrantia major*), Haarstrang (*Peucedanum*-Arten), Alpen-Ampfer (*Rumex alpinus*) und Wiesen-Bärenklau (*Heracleum sphondylium*) sollen dem Giersch langfristig unter Duldung Paroli bieten.

Der Blick fällt nun auf ein Bachlaufsystem, welches den Kern einer Verknüpfung verschiedener Sumpf-, Moor- und Fließgewässerbereiche bildet. Hier verbinden sich verschiedene Vegetationsaspekte zu einem Gesamtgefüge und doch stehen sie individuell für sich. Neuseeland und Australien werden von einem *Poa cita-Tussock* angedeutet. Dieses wird von einer dauerfeuchten Schlenke mit Teppichlobelien (*Lobelia pedunculata*) durchwandert. Die dauerfeuchte Situation innerhalb der Schlenke wird durch eine Teichfolie ermöglicht. Auf einem Hang zwischen zwei Bachläufen bildet das Färber-Mammutblatt (*Gunnera tinctoria*) den Mittelpunkt. Auch hier wurde mit einer Teichfolie ein dauerfeuchtes, im unteren Teil sumpfiges Milieu erreicht. Um ein monotones Gestaltungsbild mit *Gunnera tinctoria* bewusst zu umgehen, wurden Andeniris (*Libertia chilensis*), Fuchsien (*Fuchsia magellanica* 'Aurea' und *F. magellanica* 'Arauco'), Stachelnüsschen (*Acaena microphylla* und *A. inermis*), *Buddleja globosa* und *Baccharis sagittalis* in die Umgebung mit einbezogen. Aufgrund des starken Wachstums und der aufwändigen Errichtung des Winterschutzes ist ein gewisser Abstand zu den Mammutblättern nötig. Der westliche Bachlauf setzt die üppige exotische Stimmung mit *Carex paniculata*-Horsten, *Schoenus nitens*, *Gunnera perpensa* und *G. cordifolia*, *Primula florindae* und Spaltgriffel (*Hesperantha coccinea*) fort.

Der Bachlauf bildet die Grenze zu einem Karnivoren-Hochmoor. Schlauchpflanzen (*Sarracenia*), Sonnentau (*Drosera rotundifolia*, *D. intermedia* und die neuseeländische *D. binata*), Venusfliegenfalle (*Dionaea muscipula*), *Pogonia ophioglossoides* und Alpen-Haarsimse (*Trichophorum alpinum*) bilden hier das Grundgerüst.

**Die Fuji-Distel (*Cirsium purpuratum*) kündigt das imposante Färber-Mammutblatt (*Gunnera tinctoria*) im Hintergrund an.**

***Poa cita-Tussock*, Sand-Weide (*Salix repens* subsp. *dunensis*) und Clusius-Tulpe (*Tulipa clusiana*) im effektvollen Einklang. Betrachtet man die Horstgräser aus der Nähe, so lassen sich mäandernde blaue Teppichlobelien (*Lobelia pedunculata*), Seefeder (*Blechnum penna-marina*) und der neuseeländische Rippenfarn *Blechnum novae-zelandiae* zwischen den *Poa cita*-Beständen entdecken.**

Texturspiel der europäischen Rispen-Segge (*Carex paniculata*) mit südhemisphärischen Laubformen. Binsenlilie (*Sisyrinchium striatum*), Andeniris (*Libertia chilensis*), *Buddleja globosa*, Spaltgriffel (*Hesperantha coccinea* 'Major', Tibet-Primel (*Primula florindae*), das stahlblaue Süßgras *Elymus magellanicus* und die Mammutblätter *Gunnera perpensa* und *G. tinctoria* begleiten den Ufersaum des Bachlaufes.

Der Hochmoorbereich ist noch jung. Mittlerer und Rundblättriger Sonnentau (*Drosera intermedia* und *D. rotundifolia*) haben sich innerhalb eines Jahres zu Hunderten spontan versamt. Sie sind mit Schlauchpflanzen (*Sarracenia*), Venusfliegenfalle (*Dionaea muscipula*) und neuseeländischem Sonnentau (*Drosera binata*) kombiniert. Die Moor-Orchidee *Pogonia ophioglossoides* soll sich mittelfristig etablieren.

Skulpturenhaft steht das Färber-Mammutblatt am Bachlauf und verbindet sich harmonisch mit dem neuseeländischen *Tussock* auf der gegenüberliegenden Uferseite.

# SERVICE

Wenn Naturräume schwinden, Arten sterben und klimatische Bedingungen sich nachhaltig verändern, kann die Antwort aus gärtnerischer Sicht nur sein, Diversität nach unseren Möglichkeiten im Garten und öffentlichen Grün zu erhöhen. Die folgenden Seiten sollen bei der Ideenfindung und Umsetzung informativ unterstützen und zur Vertiefung des Themas anregen. In den Pflanzentabellen sind empfehlenswerte Stauden und Gehölze themenbezogen aufgeführt. Weiterführende Literatur, interessante Internet-Seiten und Bezugsquellen von Pflanzen und Samen stehen für die mannigfaltigen Möglichkeiten, unsere Ideen vielfältig umsetzen zu können.

# PFLANZEN FÜR IHREN GARTEN

Die Verknüpfung von bedingt winterharten und gut winterharten Pflanzen erweitert die Möglichkeiten, Lebensbereiche vielfältig und effektvoll zu gestalten und unkonventionelle Verbindungen zu schaffen. Frankfurt am Main liegt in der Winterhärtezone 8a (durchschnittliche Tiefsttemperaturen zwischen −12,3 °C und −9,4 °C); beste Voraussetzungen, um mit bedingt winterharten Exoten zu experimentieren. Kahlfröste, Winternässe, sommerliche Hitzewellen und Trockenphasen bedeuten aber auch erheblichen Stress. Winterschutzmaßnahmen, Standortwahl nach geeignetem Mikroklima und eine optimale Bewässerung sind wichtige Marker für den nachhaltigen Erfolg.

In kühleren Winterhärtezonen bietet sich die Möglichkeit, kälteverträglichere Auslesen von kritischen Arten oder Arten kühlerer Klimazonen zu verwenden, die ihren Verwandten klimamilder Zonierungen ähneln. Zusätzlich können verlässlich winterharte Arten verwendet werden, die aufgrund ihres Habitus, ihrer Blattform oder Textur ein Thema bedienen. Es ist letztlich eine Frage der Inszenierung und des Ausprobierens.

Mitteleuropa ist klimatisch uneinheitlich. Unterschiedliche Winterhärtezonen, wie warme Flussebenen und kühle Mittelgebirgslagen, liegen oft nah beieinander. In Stadtzentren, Weinbaugebieten und Flusstälern finden wärmeliebende Pflanzen und bedingt winterharte Arten gute Lebensbedingungen. Gebirgspflanzen kühler Zonierungen finden wiederum in sommerkühlen, niederschlagsbegünstigten Gebieten bessere Klimafaktoren, zum Beispiel Pflanzen des Hohen Himalaya. Dennoch gibt es auch verschiedene Regionen, in denen sowohl wärmeliebende Pflanzen als auch solche kühler Zonierungen gut gedeihen. Auch wenn Verwender bei der Pflanzenwahl auf Grenzen stoßen, wie fehlende Winterhärte oder geringe Hitzeverträglichkeit, können Aspekte exotischer Landschaftsbilder auch in kühle Zonierungen, Pflanzenthemen kalter Zonierungen in klimamilden Regionen einfließen. Es besteht die Möglichkeit, auf Pflanzenarten zurückzugreifen, die eine große klimatische Anpassungsfähigkeit besitzen, wie zum Beispiel *Kniphofia caulescens*, *Trachycarpus fortunei*, Bambus, *Bergenia*, *Iris*, *Hemerocallis*, *Morina* und *Roscoea*. Zudem können Ähnlichkeiten von Pflanzengruppen genutzt werden, um Charakteristika von beispielsweise subtropischen Vegetationsaspekten mit winterharten Pflanzengruppen nachzuempfinden. Die Pflanzentabellen im nachfolgenden Service-Kapitel berücksichtigen diese Aspekte.

Hier finden Sie attraktive Arten, die in der Regel in kühleren Regionen Mitteleuropas gedeihen und die beschriebenen Vegetationsbilder aus fremden Welten in Ihren Garten holen.

**Zeichenerklärung:**

**so** = Sonne
**hs** = Halbschatten
**sch** = Schatten
**abs** = absonnig
**WHZ** = Winterhärtezone
**WS** = Winterschutz

## WINTERHÄRTEZONEN (WHZ)

| Zone | Temperatur in °C |
|---|---|
| 1 | unter −45,5 |
| 2 | −45,5 bis −40,1 |
| 3 | −40,0 bis −34,5 |
| 4 | −34,4 bis −28,9 |
| 5 | −28,8 bis − 23,4 |
| 6 | −23,3 bis −17,8 |
| 7 | −17,7 bis −12,3 |
| 8 | −12,2 bis −6,7 |
| 9 | −6,6 bis −1,2 |
| 10 | >1,2 |

Die Winterhärteangaben dienen als Orientierung und können aufgrund unterschiedlicher Bedingungen, zum Beispiel Schneedecke oder Winternässe am Standort sowie Herkunft der Pflanzen, variieren.

# WINTERHARTE ARTEN DER NORDHALBKUGEL MIT EXOTISCHER AUSSTRAHLUNG

Diese Pflanzen, heimisch auf der Nordhalbkugel, eignen sich für Kombinationen und Überleitungen von Lebensbereichen innerhalb der Bepflanzungsthemen Monsunwald, Waldlichtungen, Gehölzrand und Dickicht, Wiesen und Hochstauden-Pflanzungen.

## FARNE

| Botanischer Name | Deutscher Name | Besondere Merkmale, Verwendung | Wuchshöhe | WHZ |
|---|---|---|---|---|
| *Adiantum pedatum* | Pfauenradfarn | hufeisenförmiger feingliedriger Wedelaufbau auf drahtigen Stielen, sauer, luftfeucht, abs | 40–50 cm | 5 |
| *Asplenium scolopendrium* | Hirschzungenfarn | zungenförmige Wedel, kalkliebend, hs–sch | 30–60 cm | 5 |
| *Asplenium trichomanes* | Silikatliebender Brauner Streifenfarn | felsbewohnender Zwergfarn für feuchte bis mäßig trockene, sonnige bis nordseitige Pflanzplätze | 10–20 cm | 3 |
| *Blechnum spicant* | Gewöhnlicher Rippenfarn | Waldfarn mit glänzenden Wedeln und attraktiven Sporenwedeln, sauer-humoser Boden, feucht | 30–50 cm | 5 |
| *Dryopteris erythrosora* | Rotschleier-Wurmfarn | dekorativer bernsteinfarbener Austrieb mit Fernwirkung, elegant, frisch-humos, abs | 50 cm | 6 |
| *Dryopteris wallichiana* | Gebirgs-Wurmfarn | glänzende gebogene Wedel, schwarz beschuppter Austrieb, edle Erscheinung, hs–sch | 50 cm | 6 |
| *Matteuccia struthiopteris* | Europäischer Straußenfarn | koloniebildender Großfarn mit trichterförmigem Aufbau, schöne Sporenwedel im Winter, feuchte Ufersäume, Gehölzränder | 1,50 m | 6 |
| *Osmunda regalis* | Königsfarn | imposante Gestalt, rostbraune Herbstfärbung, filziger Wedelaustrieb (sehen aus wie Notenschlüssel), so–hs | 1,50 m | 2 |
| *Osmunda claytoniana* | Kronenfarn | Herbstfärbung, Wedel zweifach geteilt, lichtschattiger Gehölzrand, sonniger Ufersaum, dauerfeuchte Böden | 70–100 cm | 3 |
| *Polypodium vulgare* | Gewöhnlicher Tüpfelfarn | für Fels- und Mauerkuppen, humoses Unterholz, lichtschattig, trockenverträglich | 20–40 cm | 3 |
| *Polystichum aculeatum* | Dorniger Schildfarn | dekorativ glänzend, humose Felsspalten, frischer bis feuchter Gehölzrand, abs | 50–80 cm | 5 |
| *Polystichum munitum* | Schwertfarn | ledrige Wedel, einfach gefiedert, hs–sch | 40 cm | 5 |
| *Polystichum polyblepharum* | Japanischer Schildfarn | glänzende Wedel, dicht beschuppter Austrieb, im Alter majestätisch, humoser Boden, frisch bis feucht, hs | 60 cm | 5 |
| *Polystichum setiferum* | Borstiger Schildfarn | markante, zwei- bis dreifach geteilte starre Wedel, Blättchen borstig, hs–sch, zahlreiche Sorten im Handel | 30–120 cm | 5 |
| *Woodsia obtusa* | Stumpfblättriger Wimperfarn | rhizombildender felsbewohnender Farn, kalkhaltiger bis neutraler Boden, humos, drainiert | 30 cm | 4 |
| *Woodwardia fimbriata* | Kettenfarn | stattlicher Farn für frische, helle Standorte | 80–150 cm | 5 |

## GRÄSER FÜR WILDNISHAFTE KOMBINATIONEN

| Botanischer Name | Deutscher Name | Besondere Merkmale, Verwendung | Wuchshöhe | WHZ |
|---|---|---|---|---|
| *Carex appropinquata* | Schwarzschopf-Segge | imposante faserschopfbildende Segge für Ufersäume, basenreiche Nasswiesen, so | 80 cm | 5 |
| *Carex montana* | Berg-Segge | filigranes Horstgras mit früher Blüte, orange Herbstfärbung, so–hs | 15–25 cm | 4 |
| *Carex muskingumensis* | Palmwedel-Segge | robustes Feuchtwiesengras, so–hs | 70 cm | 5 |
| *Carex paniculata* | Rispen-Segge | ähnlich der Schwarzschopf-Segge, wuchtig, sickernasse, basenreiche Torfböden, Uferzone, so | 1,50 m | 5 |
| *Carex siderosticta* | Sommergrüne Breitlaub-Segge | breites aufrechtes Laub, für feuchte Falllaubbereiche, sommergrün | 20 cm | 6 |
| *Fargesia murielae* | Muriels Schirmbambus | bekanntester Gartenbambus in vielen harten Auslesen, horstbildend, luftfeucht, abs | bis 4 m | 6 |
| *Fargesia nitida* 'Jiuzhaigou 1' | Fontänen-Schirmbambus | aufrecht mit überhängenden Spitzen, rote Halme im Frühjahr, eine der winterhärtesten Bambus-Auslesen, so–sch | 3–4 m | 5 |
| *Hakonechloa macra* | Japangras | grazil bogig fallende Horste, Herbstfärbung, frische bis feuchte Böden, hs, bei feuchtem Boden auch so | 30–60 cm | 6 |
| *Molinia arundinacea* | Rohr-Pfeifengras | elegante Gestalt für so–hs, ideal für frische bis feuchte Ufersäume und helle Gehölzränder | 1,80–2,20 m | 5 |

## DYNAMISCHE BILDER MIT HOCH- UND WIESENSTAUDEN

| Pflanzen für den Gehölzrand bis in offene Bereiche. | | | | |
|---|---|---|---|---|
| **Botanischer Name** | **Deutscher Name** | **Besondere Merkmale, Verwendung** | **Wuchshöhe** | **WHZ** |
| *Angelica gigas* | Rote Engelwurz | asiatischer Doldenblütler mit purpurnem Blütenstand und ausladenden Fiederblättern, meist zweijährig, frische bis feuchte Böden | 80–160 cm | 5 |
| *Aralia californica* | Kalifornische Aralie | imposant, mit breitlaubigen Fiederblättern, Fruchtschmuck, für lichten frischen Waldrand, langlebig | bis 3 m | 5 |
| *Aralia cordata* | Herzförmige Aralie | weiße Blütenwolken, dekorative Herbstfärbung, Formen mit purpurnem Spross sind effektvoll | 2–3 m | 4 |
| *Aralia racemosa* | Amerikanische Aralie | bernsteinfarbene Herbstfärbung, schmale Blütenrispen, Fiederblättchen lindenförmig | bis 2 m | 4 |
| *Astilbe chinensis* var. *taquetii* | Purpur-Astilbe | lanzenartige Blütenstände, frische Böden | 1 m | 5 |
| *Boehmeria platanifolia* | Ramie | rundes gezähntes Laub, ideal für Texturspiel | 1,20 m | 6 |
| *Codonopsis lanceolata* | Glockenwinde | große Blütenglocken an windendem Spross | 1,50 m | 6 |
| *Filipendula kamtschatica* | Kamtschatka-Mädesüß | große handförmige Blätter, weiße Blütenteller, stattliche Art für feuchte Böden | bis 2,50 m | 4 |
| *Filipendula rubra* | Prärie-Mädesüß | nordamerikanische Art mit roten Blütenrispen | 1,50 m | 2 |
| *Hemerocallis altissima* | Hohe Taglilie | hellgelbe Blüten auf hohen Stängeln, naturhaft | 1–1,50 m | 5 |

## DYNAMISCHE BILDER MIT HOCH- UND WIESENSTAUDEN (FORTSETZUNG)

| **Pflanzen für den Gehölzrand bis in offene Bereiche.** | | | | |
|---|---|---|---|---|
| **Botanischer Name** | **Deutscher Name** | **Besondere Merkmale, Verwendung** | **Wuchshöhe** | **WHZ** |
| *Iris chrysographes* 'Black Form' | Bartlose Schwertlilie | schwarzblaue grazile Blüten über schmalem Horst, frische Böden in voller Sonne | 50–70 cm | 5 |
| *Iris laevigata* | Asiatische Sumpf-Schwertlilie | Nasswiesen-Art, breite Hängeblätter, farblich variabel, Sorte 'Rose Queen' in Zartrosa | 40–100 cm | 5 |
| *Kalimeris incisa* | Schönaster | Korbblütler für frische Böden, Gehölzrand | 60 cm | 4 |
| *Lilium auratum* | Goldband-Lilie | spektakulär gezeichnete Blüten, leichte sandig-humose Böden | bis 1,50 m | 6 |
| *Lilium hansonii* | Gold-Türkenbund-Lilie | gedeiht im lichten Gehölzrand, langlebig, wirtelige Laubblätter, schöner Austrieb | 1 m | 5 |
| *Lilium henryi* | Mandarin-Lilie | stattliche Art für s–hs (heller Gehölzrand), orange Blüten, langlebig | bis 2 m | 5 |
| *Lobelia cardinalis* | Kardinals-Lobelie | nordamerikanische Lobelie mit roten Signalblüten für feuchte Böden, winters nicht zu nass, s–hs | 1 m | 3 |
| *Morina longifolia* | Nepal-Kardendistel | distelartige Rosette, zartrosa Röhrenblüten in Quirlen | 80 cm | 5 |
| *Polygonatum biflorum* | Zweiblütige Weißwurz | stattlich, schön im Dickicht und an schattigen Hanglagen, trockenverträglich, sch | bis 1,50 m | 3 |
| *Thalictrum rochebruneanum* | Wiesenraute | hohe Art mit grazilen Blüten, schöne Herbstfärbung | 1,80 m | 6 |
| *Tricyrtis hirta* | Borstige Krötenlilie | Waldrandpflanze mit lila getüpfelten, lilienartigen Blüten, weiße Auslesen dekorativ | 50 cm | 5 |
| *Tricyrtis puberula* | Flaumhaarige Krötenlilie | gelbe Blüten mit bräunlicher Fleckung, im Austrieb attraktiv gefleckte Laubblätter | 80 cm | 5 |
| *Veratrum californicum* | Kalifornischer Germer | wuchtige Gestalt mit gefurchtem breitelliptischem Laub, kurze weiße lilienartige Blüten, für Gehölzrand | bis 2,50 m | 5 |
| *Veratrum nigrum* | Schwarzer Germer | braunpurpurne kleine Lilienblüten an verzweigten rispigen Blütenständen, langlebig | 1 m | 5 |

## NIEDRIGE WALDSTAUDEN

| Für Monsunbeete oder nordamerikanische Schattengärten geeignet. | | | | |
|---|---|---|---|---|
| **Botanischer Name** | **Deutscher Name** | **Besondere Merkmale, Verwendung** | **Wuchshöhe** | **WHZ** |
| *Arisaema amurense* | Amur-Feuerkolben | dreifach gelapptes Laub, Fruchtschmuck | 30 cm | 4 |
| *Arisaema triphyllum* | Dreiblättriger Feuerkolben | nordamerikanische Art mit purpur-weiß gestreifter Spatha, langlebige Art | 50 cm | 4 |
| *Asarum caudatum* | Geschwänzte Haselwurz | herzförmiges Laub, wertvoller Bodendecker, interessant geschwänzte rostrote Blüten, für Beetränder | 10 cm | 6 |
| *Corydalis elata* | Blauer Lerchensporn | indigoblaue duftende Blüten mit weißem Schlund, wächst auch auf Torfsoden | 40 cm | 6 |
| *Cypripedium reginae* | Königin-Frauenschuh | stattliche Orchidee für so–hs, frisches durchlässiges Substrat | 40–80 cm | 2 |
| *Epimedium grandiflorum* | Großblütige Sockenblüte | niedrig, großblumig, in dekorativen Sorten | 25 cm | 5 |
| *Epimedium koreanum* 'Harold Epstein' | | eine der winterhärtesten asiatischen Sockenblumen, schwefelgelbe Blüte | 35 cm | 4 |
| *Epipactis gigantea* | Amerikanische Ständelwurz | wüchsige Orchidee aus Nordamerika, Blütenmeer von Mai–Juni, feucht, so | 40 cm | 5 |
| *Jeffersonia diphylla* | Zwillingsblatt | schmetterlingsförmiges Laub, elegante Blüten | 20–40 cm | 5 |
| *Liriope graminifolia* | Rasen-Liriope | grasartige Matten mit attraktiven Blütentrauben im Spätsommer | 30 cm | 6 |
| *Liriope muscari* | Horstbildende Liriope | herbstblühend, Blüte ähnlich wie Traubenhyazinthen, lichtschattige Standorte, locker-humoser Boden | 40 cm | 6 |
| *Ophiopogon planiscapus* 'Niger' | Schwarzer Schlangenbart | dekorativer grasartiger Bodendecker, starke Kontrastwirkung mit Farnen und Bambus | 20 cm | 6 |
| *Paris quadrifolia* | Vierblättrige Einbeere | heimische Waldpflanze für kühle Lagen, Stein- und Waldgarten, abs–hs | 30 cm | 5 |
| *Polygonatum latifolium* | Breitblättrige Weißwurz | bogig mit breit-elliptischem, gefurchtem, glänzendem Laub, mitteleuropäische Art | 40 cm | 5 |
| *Roscoea purpurea* | Ingwerorchidee | zungenförmige Laubblätter, endständiger gestauchter Blütenstand mit orchideenähnlichen Blüten, schöne Auslesen | 40 cm | 6 |
| *Trillium grandiflorum* | Großblütige Dreizipfellilie | reinweiße trichterförmige Blüten, drei grüne Hochblätter im Wirtel, Waldpflanze | 30–40 cm | 5 |
| *Trollius chinensis* | Chinesische Trollblume | offene goldgelbe Schalenblüten, frische Standorte, heller Gehölzrand, abs–so | 50 cm | 6 |
| *Uvularia grandiflora* | Hänge-Goldglocke | wertvoller Frühblüher mit hängenden gelben Blüten, zieht früh ein, Gehölzrand und Alpinum | 30 cm | 5 |

## TEXTURSPIEL MIT GROSSLAUBIGEN STAUDEN

| Botanischer Name | Deutscher Name | Besondere Merkmale, Verwendung | Wuchshöhe | WHZ |
|---|---|---|---|---|
| *Astilboides tabularis* | Tafelblatt | texturstark, für dynamische Drifts im Gehölzrand, schirmartige langstielige Blätter | 1 m | 6 |
| *Bergenia* 'Eden's Magic Giant' | Bergenie | großes gewelltes glänzendes Laub, Felstaschen und Beetsäume, so–hs | 50 cm | 6 |
| *Darmera peltata* | Schildblatt | nordamerikanisches Steinbrechgewächs, Blattentwicklung nach Blüte, feuchte Böden, so–hs | bis 1,20 m | 5 |
| *Dysosma versipellis* | Chinesischer Maiapfel | bizarr gebuchtetes Laub, weiße Schalenblüten, exotische Ausstrahlung, hs–sch, feuchte, humose Böden | 40–150 cm | 7 (5 mit WS) |
| *Hosta* 'Guacamole' | Funkie | breit ausladende Funkie, avocadogrünes Laub, frischer Boden, hs–sch | 50 cm | 5 |
| *Hosta sieboldiana* 'Elegans' | Blaublatt-Funkie | opulentes graublaues Laub, für reife schattige Standorte, langlebig | 80 cm | 5 |
| *Inula magnifica* | Riesen-Alant | riesige eselsohrartige Laubblätter, ufersaumbegleitend effektvoll, dekorativ mit hohen Gräsern, frischer Boden, so | 2 m | 6 |
| *Lysichiton camtschatcensis* | Weiße Scheinkalla | elegante zeitige Schaublüte, wuchtiges Laub, Sumpfpflanze für Bachlauf und Teich, so–hs | 1,20 m | 6 |
| *Rheum palmatum* var. *tanguticum* | Tangutischer Rhabarber | imposante Gestalt, rötlicher Austrieb, schön mit *Osmunda* und *Trollius*, abs–so, frische bis feuchte Böden | 1,80 m | 6 |
| *Rodgersia aesculifolia* | Kastanien-Schaublatt | ausladende kastanienblattartige Laubblätter, weiße Blütenrispen, frischer Boden, hs | 1 m | 5 |
| *Rodgersia henricii* | Prinz-Henri-Schaublatt | hellrosa Blüten an Rispen, handförmiges Laub, ausladend, Sorte 'Herkules' 2 m hoch, frische bis feuchte Böden, hs | bis 1,50 m | 6 |
| *Trachystemon orientale* | Rauling | Auwaldpflanze, konkurrenzfähiger Bodendecker, borretschähnliche Blüten, frischer Boden, hs–sch, bei feuchtem Boden auch so | 50 cm | 6 |

## GERÜSTBILDENDE GEHÖLZE FÜR ASIATISCHE ODER NORDAMERIKANISCHE SZENERIEN

| Botanischer Name | Deutscher Name | Besondere Merkmale, Verwendung | Wuchshöhe | WHZ |
|---|---|---|---|---|
| *Acer palmatum* | Fächer-Ahorn | vom Austrieb bis Herbstfärbung effektvoll, Sorte 'Beni-Maiko' empfehlenswert, leichte Böden, abs | 4–5 m | 6 |
| *Aesculus parviflora* | Strauch-Rosskastanie | ausläufertreibend, im Alter stattliche Exemplare, lichtschattig, attraktive Blütenkerzen | 3 m | 5 |
| *Ampelopsis brevipedunculata* | Ussuri-Scheinrebe | Kletterpflanze mit dreilappigen Blättern, Fruchtschmuck mit grünlich blauem Farbspiel, abs–hs | 6 m | 5 |
| *Aralia elata* var. *elata* | Japanische Aralie | breite Fiederblätter, bizarr bestachelter Stamm, weiße Rispenblüten, Herbstschmuck, so–hs | 5 m | 5 |
| *Betula maximowicziana* | Lindenblättrige Birke | lindenförmiges Laub, grauweiße Rinde, frischer durchlässiger Lehmboden, so–abs | 30 m | 5 |
| *Clematis tangutica* | Tangutische Waldrebe | Schlingpflanze mit goldgelben nickenden Glockenblüten, silbrigflauschiger Fruchtschmuck, Wildcharakter, so–hs | 3 m | 5 |
| *Eleutherococcus henryi* | Henrys Fingeraralie | gefingertes Laub, späte Blüte im August, Fruchtschmuck mit schwarzen Beeren, so–hs, frischer Boden | 2,50 m | 6 |
| *Hamamelis japonica* | Japanische Zaubernuss | im Alter malerisch ausladend, fein duftende Blüten mit gewellten gelben Kronblättern, so–hs, attraktiv in Gruppen | 3 m | 6 |
| *Hydrangea aspera* | Raue Hortensie | samtiges großes Laub, rötlich braune Rinde schält sich dekorativ, Blütendolden purpurblau mit weiß-rosa Randblüten, hs, durchlässige saure Böden | 3 m | 5 |
| *Lonicera × heckrottii* | Geißblatt | rot-gelb segmentierte, duftende Blüten, lange Blütezeit, sommergrüner Schlinger, so–hs | 3 m | 6 |
| *Magnolia kobus* subsp. *kobus* | Kobushi-Magnolie | grazile reinweiße bis zartrosa Blüten, schöne Kreuzungen mit *Magnolia stellata*, so–hs | 6–8 m | 5 |
| *Paeonia rockii* subsp. *rockii* | Gefleckte Strauch-Pfingstrose | weiße Schalenblüten mit dunklem Zentrum, dekorativer Austrieb und Herbstfärbung, so–hs | 1,50–2 m | 5 |
| *Rhododendron canadense* | Kanadische Azalee | sommergrün, purpurfarbene Blüten vor dem Austrieb, Herbstfärbung, so–abs | 1 m | 5 |
| *Rhododendron dauricum* var. *dauricum* | Dahurische Azalee | zeitige (meist ab Februar) purpurrosa Blüte, Herbstfärbung, so–hs | 0,50–2 m | 5 |
| *Rosa moyesii* | Mandarin-Rose | intensiv rote Blüten, orangerote lange Früchte, so–hs | 3 m | 6 |
| *Taxodium distichum* | Sumpfzypresse | bizarre Wurzelknie, rostbraune Herbstfärbung, feuchte bis sumpfige Böden, so | bis 25 m | 6 |
| *Viburnum × bodnantense* | Bodnant-Schneeball | wichtiger Winterblüher, sparriger Wuchs, empfehlenswert sind die Sorten 'Dawn' und 'Deben', so–hs | 3 m | 6 |
| *Virburnum carlesii* | Koreanischer Schneeball | duftende Art mit weißrosa Blütenbällen, schöne Knospen, hs | 1,20 m | 5 |

# MITTELMEER-ARTEN FÜR VOLLSONNIGE FELSHEIDE-ANLAGEN UND STEINGÄRTEN

| Botanischer Name | Deutscher Name | Besondere Merkmale, Verwendung | Wuchshöhe | WHZ |
|---|---|---|---|---|
| *Acantholimon ulicinum* | Igelpolster | Dornenpolster des östlichen Mittelmeerraumes, graue stattliche Polster | 25 cm | 3 |
| *Arenaria pungens* | Sandkraut | stacheliges Polster für karge Felsspalten | 30 cm | 6 |
| *Arenaria tetraquetra* | Sandkraut | weiße Blüten auf gedrungenen olivgrünen Polstern, alte Bestände wirken wie kleine Landschaften | 3 cm | 5 |
| *Armeria canescens* subsp. *nebrodensis* | Grasnelke | grasähnliche Polster, dunkles nadeliges Laub, hellviolette Blütenköpfe | 30 cm | 6 |
| *Asphodeline lutea* | Junkerlilie | blaugraues lauchähnliches Laub, große gelbe sternartige Blüten an traubigem Schaft, Kiesgarten, Felsheide | bis 80 cm | 6 |
| *Astragalus sempervirens* | Dorniger Tragant | dorniger Halbstrauch, paarig gefiederte Blätter, gute Winterhärte | 30 cm | 5 |
| *Campanula portenschlagiana* | Dalmatiner Glockenblume | bekannte fugenbesiedelnde Art, ideal für Treppenabgänge, Mauer- und Felsritzen | 15 cm | 4 |
| *Erodium chrysanthum* | Reiherschnabel | feingliedriges Laub, schwefelgelbe Blüten, kalkhaltiger Boden | 15 cm | 6 |
| *Eryngium bourgatii* | Pyrenäendistel | marmorierte bestachelte Blätter, tiefviolette Blüten, Kontrastpflanze, Bienenpflanze | 50 cm | 5 |
| *Eryngium glaciale* | Mannstreu | silbrige Gestalt, attraktive Hochgebirgsart | 40 cm | 5 |
| *Helianthemum appeninum* var. *roseum* | Apenninen-Sonnenröschen | Zwergstrauch mit graugrünem schmalem Laub, rosa Blüten | 30 cm | 6 |
| *Juniperus sabina* | Gewöhnlicher Stink-Wacholder | niederliegender zweihäusiger Strauch, bläuliche kugelige Früchte | 50–150 cm | 5 |
| *Moltkia petraea* | Felsen-Moltkie | Polsterpflanze mit nadeligem Laub, azurblaue Röhrenblüten | 20 cm | 5 |
| *Onosma taurica* | Türkische Lotwurz | cremefarbene bis gelbe hängende Röhrenblüten | 40 cm | 5 |
| *Teucrium polium* | Polei-Gamander | gedrungene Art mit grünlich gelben Blüten | 5–20 cm | 6 |

**Einige Arten sind empfindlich gegen Kahlfrost. Eine Abdeckung mit Vlies oder Fichtenreisern kann bei immergrünen Zwerggehölzen, Polstern und Matten Frostschäden verhindern.**

# WINTERHARTE ARTEN DER SÜDHALBKUGEL, DIE SICH FÜR NATURALISTISCHE INTERPRETATIONEN EIGNEN

Südhemisphärische Landschaftsbilder können auch in kühleren Regionen umgesetzt werden. Die Winterhärte einiger Arten kann sich regional sehr unterscheiden. Gärten, die eine geschlossene Schneedecke garantieren können, bieten prinzipiell gute Voraussetzungen. Die kürzere Vegetationsdauer im Hochgebirge limitiert hingegen die Ausreife einiger Arten, so dass Gärten mit einer zeitigen Frühjahrserwärmung etwa für südafrikanische Arten vorteilhaft sind. **Winterschutz bei dauerhaftem Kahlfrost ist bei allen südhemisphärischen Arten anzuraten.**

## TUSSOCK-KOMBINATIONEN FÜR SONNIGE FREIFLÄCHEN, KIES- UND STEINGÄRTEN

| Botanischer Name | Deutscher Name | Besondere Merkmale, Verwendung | Wuchshöhe | WHZ |
|---|---|---|---|---|
| *Acaena buchananii* | Blaugrünes Stachelnüsschen | metallisch leuchtender Bodendecker | 5 cm | 6 |
| *Acaena inermis 'Purpurea'* | Stachelnüsschen | violett leuchtender Bodendecker, stachellose Früchte, drainierte, mildfeuchte lehmige Böden, Verschachtelungen mit *Lobelia pedunculata* dekorativ | 5 cm | 7 |
| *Acaena microphylla* | Braunblättriges Stachelnüsschen | formenreiche Art, kurze weiße Blütenstände über dichten Teppichen, Fruchtschmuck, schöne Auslesen | 15–20 cm | 6 |
| *Aciphylla aurea* | Speergras | bronzefarbene Rosette, durchlässiger frischer Boden, kalkempfindlich | 1 m | 5 |
| *Bulbinella hookeri* | Bulbinella | grasartiges Laub, gelbblühende Trauben, frischer Boden | 40 cm | 6 |
| *Carex comans* | Schopf-Segge | füllige Horste, grüne u. bronzene Farbtypen, feuchte drainierte Böden, die Sorte 'Frosted Curls' ist empfehlenswert | 40 cm | 7 |
| *Carex flagellifera* | Peitschen-Segge | bronzefarbene Segge mit ausladendem Schopf | 40 cm | 6 |
| *Celmisia semicordata* | Celmisie | Rosette mit zungenförmigem Laub, dekorativ | 40 cm | 6 |
| *Chionochloa rubra* | Rotes Büschelgras | grünes bis kupferfarbenes filigranes Horstgras für frische durchlässige, torfige Böden. Vliesschutz (85 g/m²) bei Kahlfrösten über die Bestände ziehen. | 1,20 m | 6 |
| *Poa cita* | Silber-Tussockgras | robust, goldgelb leuchtende Horste, drainierte frische bis wechselfeuchte Böden, verträgt zeitweise Trockenheit | 70 cm | 7 |
| *Podocarpus lawrencei* | Steineibe | niedrige, breit ausladende Konifere, die Sorte 'Blue Gem' hat blaugrünes, gedrungenes Laub | 50–160 cm | 6 |

**Hier sind Arten aus Neuseeland und Australien zusammengefasst, die sich für die Gestaltung von *Tussock*-Verbänden mit kontrastreichen Begleitpflanzen auf offenen Flächen eignen.**

## ALPINE ARTEN NEUSEELANDS FÜR DETAILREICHE STEINGARTENBEETE

| Botanischer Name | Deutscher Name | Besondere Merkmale, Verwendung | Wuchshöhe | WHZ |
|---|---|---|---|---|
| *Acaena saccaticupula* | Stachelnüsschen | stahlblaue Fiederblättchen, rot gestielte Blütenstände, sehr dekorativ, Fruchtschmuck | 30 cm | 6 |
| *Carex berggrenii* | Nussbraune Segge | rostbraune Zwergsegge für feuchte drainierte Böden | 5 cm | 6 |
| *Celmisia semicordata* | Celmisie | Rosette mit zungenförmigem Laub, dekorativ | 40 cm | 6 |
| *Celmisia spedenii* | Celmisie | langes nadelförmiges Laub in grazilem Polster | 10 cm | 6 |
| *Helichrysum selago* var. *tumida* | Strohblume | korallenartiger Spross, grün-silbrig beschuppt, weiße Knopfblüten, magerer Boden, mild feucht | 20 cm | 6 |
| *Leptinella dioica* | Salz-Fiederpolster | farnartige Blättchen in dichten Teppichen, feuchte Böden | 2 cm | 5 |
| *Leptinella squalida* | Echtes Fiederpolster | rötlich braune Fiederblättchen, feuchte Böden, Rasenersatz | 2 cm | 5 |
| *Luzula ulophylla* | Felsen-Marbel | Zwerggras mit weiß bereiften Blatträndern, schwarze Früchte, mit Teppichen und Polstern kombinieren, wächst gut auf Torfsoden | 10 cm | 6 |
| *Raoulia australis* | Schafsteppich | silbrige flache Teller, tolle Kontrastpflanze, *Lutescens*-Gruppe graugrün mit gelben Blüten | 2 cm | 6 |
| *Raoulia tenuicaulis* | Schafsteppich | graugrüne dichte Matten, überwächst Steine, schön sind Verschachtelungen mit *R. australis* | 3 cm | 6 |
| *Veronica pinguifolia* 'Pagei' | Fettblättriger Strauch-Ehrenpreis | niederliegender Strauch mit fleischigen graugrünen Schuppenblättern, robust | 20 cm | 6 |
| *Veronica pimeloides* 'Quicksilver' | Strauch-Ehrenpreis | sparrig wachsender, silbrig beschuppter Strauch | 40 cm | 6 |

## ARTEN DER DRAKENSBERGE FÜR GROSSE STEINANLAGEN, KIESGÄRTEN ODER OFFENE BEREICHE

| Die Pflanzen eignen sich für volle Sonne und sommerfeuchte Böden mit gutem Wasserabzug im Winterhalbjahr. | | | | |
|---|---|---|---|---|
| **Botanischer Name** | **Deutscher Name** | **Besondere Merkmale, Verwendung** | **Wuchshöhe** | **WHZ** |
| *Berkheya purpurea* | Berkheya | graufilzige Gestalt, distelartig bestachelt, Kontrastpflanze, große violette Korbblüten | 60–80 cm | 6 |
| *Berkheya macrocephala* | Berkheya | ledriges, nicht stechendes Laub, leuchtend gelbe Blüten, langlebig | 60–80 cm | 6 |
| *Berkheya multijuga* | Berkheya | martialisch bedornt, starre Rosetten, offener luftiger Standort, gelbblütig | 60–80 cm | 6 |
| *Kniphofia caulescens* | Stängelbildende Fackellilie | benötigt sommerfeuchte drainierte Böden, wuchtige graue Rosetten, späte Blüte | 1,20 m | 5 |
| *Kniphofia hirsuta* | Fackellilie | niedrige robuste Art, Blüte ab Mai / Juni | 40–50 cm | 5 |
| *Phygelius capensis* | Kapfuchsie | Halbstrauch mit leuchtenden orangenen Röhrenblüten, frische Böden mit Drainage | 1,50 m | 5–7 |

## SÜDAFRIKANISCHE ARTEN FÜR KONTRASTREICHE UND LEUCHTENDE STEIN- UND KIESGÄRTEN

| Für Bereiche in voller Sonne. | | | | |
|---|---|---|---|---|
| **Botanischer Name** | **Deutscher Name** | **Besondere Merkmale, Verwendung** | **Wuchshöhe** | **WHZ** |
| *Delosperma karooensis* 'Graaf Reinet' | Mittagsblume | strahlend weiß blühende Matten, ein Highlight im Steingarten, Drainage notwendig | 3 cm | 6 |
| *Delosperma lavisiae* | Mittagsblume | violette Blüten auf niedrigen Matten, zylindrische Blätter, schottriges Substrat | 3 cm | 6 |
| *Dimorphoteca caulescens* | Kapkörbchen | kriechend wurzelnde Sprosse, die sich mit zungenähnlichem Laub bogig aufrichten | 30–40 cm | 6 |
| *Felicia rosulata* | Kapaster | mittelblaue Korbblüten, mattenbildend | 12 cm | 6 |
| *Helichrysum bellum* | Strohblume | dauerhaft, robust, lanzettliches Laub, weiße Blüten, schön in flächiger Pflanzung | 20 cm | 6 |
| *Helichrysum milfordiae* | Strohblume | graufilzige Matte, die Knospen ähneln Bonbons, Blüten öffnen mittags, Schutz vor Winternässe | 5 cm | 6 |
| *Helichrysum retortoides* | Strohblume | nadeliges Laub an lockeren ästigen Trieben, sehr schöne rosaweißliche Strohblüten, für Felsspaltengärten | 25 cm | 6 |
| *Hirpicium armerioides* | | Blüten ähnlich wie Margeriten, immergrüne Matten, trockentolerant | 10 cm | 5 |
| *Rhodohypoxis deflexa* | | pinkfarbene Sternblüten auf grasartigen Büscheln | 10 cm | 6 |
| *Ursinia alpina* | Bärenkamille | niedrige feinbelaubte Polster mit gelben Korbblüten, durchlässiges Substrat | 15 cm | 6 |

## SÜDAMERIKANISCHE ARTEN FÜR ANSPRUCHSVOLLE STEINGARTENANLAGEN

| Botanischer Name | Deutscher Name | Besondere Merkmale, Verwendung | Wuchshöhe | WHZ |
|---|---|---|---|---|
| *Azorella trifurcata* | Andenpolster | bekannte Polsterpflanze, dunkelgrüne gabelige Laubblätter. Sorte 'Minor' ist gedrungen, so–abs | 3 cm | 6 |
| *Berberis empetrifolia* | Krähenbeerenblättrige Berberitze | attraktiver Zwergstrauch mit nadeligem Laub, so | 30–50 cm | 6 |
| *Bolax gummifera* | Bolax | graugrüne harte Polster, saurer Boden, so–abs | 3–5 cm | 6 |
| *Calceolaria biflora* | Pantoffelblume | dunkelgrüne Rosette, zierliche gelbe Blüten, in Gebirgsgärten selbstversamend, kurzlebig, abs | 15–20 cm | 6 |
| *Calceolaria cavanillesii* | Pantoffelblume | nordpatagonische Art mit bedingter Winterhärte, bildet Polster aus kurzen Ausläufern, Winterschutz notwendig, so | 30 cm | 7 |
| *Calceolaria polyrhiza* | Pantoffelblume | Art der Steppen und subantarktischen Gebirge, schiffartige Pantoffelblüten, abs, kühl | 10–15 cm | 6 |
| *Geranium sessiliflorum* | Storchschnabel | robuster Zwergstorchschnabel, dunkle Auslesen interessant, auch auf Neuseeland heimisch, Selbstversamung, so | 10 cm | 6 |

## SÜDAMERIKANISCHE ARTEN (FORTSETZUNG)

| Botanischer Name | Deutscher Name | Besondere Merkmale, Verwendung | Wuchshöhe | WHZ |
|---|---|---|---|---|
| *Junellia azorelloides* | Junellia | flache Polster mit duftenden Verbenenblüten, für Steppenpflanzungen, Nässeschutz empfehlenswert, so | 2 cm | 6 |
| *Junellia micrantha* | Junellia | flacher, Absenker bildender Zwergstrauch mit violetten Verbenenblüten, Drainage erforderlich, so | 5 cm | 6 |
| *Oreopolus glacialis* | Oreopolus | gelbblütige Polsterpflanze aus der Waldmeisterverwandtschaft, für schottrige sonnige Hanglagen im Alpinum | 5 cm | 6 |
| *Oxalis adenophylla* | Anden-Sauerklee | bekannte hochalpine Art, Drainage, so | 5–10 cm | 6 |
| *Oxalis enneaphylla* | Schuppen-Sauerklee | robuste zierliche Art, weiße und rosa Schalenblüten, durchlässiges Substrat, so–abs | 5–10 cm | 6 |
| *Perezia recurvata* | Perezia | nadelig belaubte Polsterpflanze mit blauen Korbblüten, ideal für Troggärten und Felsspalten, so–abs | 20 cm | 6 |

## SÜDAMERIKANISCHE ARTEN FÜR ÜBERGÄNGE VOM LICHTEN GEHÖLZRAND ZU STEINANLAGEN, HEIDE UND MOOR

| Botanischer Name | Deutscher Name | Besondere Merkmale, Verwendung | Wuchshöhe | WHZ |
|---|---|---|---|---|
| *Acaena magellanica* | Magellanen-Stachelnüsschen | variable Art mit großer Standortamplitude, lehmig-humose und sandig-torfige Böden, Drainage, für Steingarten und Heide, so | 30–40 cm | 6 |
| *Alstroemeria aurea* | Goldene Inkalilie | Unterholzstaude der Südbuchen, für frischen drainierten Boden im sonnigen Gehölzrand oder in der Freifläche | 80 cm | 6 |
| *Blechnum penna-marina* | Seefeder | rötliche, drahtige Auslesen attraktiv (zum Beispiel 'Firecracker'), schöne Sporenwedel, Sorte 'Cristata' hat kammartiges Laub, für Moorbeet und Steingarten | 15 cm | 5 |
| *Caltha appendiculata* | Dotterblume | weißblühend, zierlich gegabeltes Laub, für Hangmoor und sickerfeuchte Bereiche | 5 cm | 6 |
| *Empetrum rubrum* | Rote Krähenbeere | Erika-ähnlicher Zwergstrauch mit roten Beeren, Heide- und Moorbeet, Steingarten | 20–30 cm | 6 |
| *Gaultheria mucronata* | Kahle Steife Scheinbeere | Heidegewächs mit schuppigem starrem Laub, glänzende Beeren, Schutz vor Kahlfrost erforderlich | 50–100 cm | 7 |
| *Gaultheria pumila* | Scheinbeere | niedrige Torfmyrte für Steingarten, Heide- und Moorbeet, Fruchtschmuck | 10–25 cm | 6 |
| *Gunnera magellanica* | Mammutblatt | mattenbildendes Mammutblatt für Mooranlagen, vor Kahlfrösten schützen | 3 cm | 6 |
| *Nothofagus antarctica* | Südbuche | bekannteste Südbuchen-Art, lichter Aufbau, Unterpflanzung mit Inkalilien interessant, zur Gerüstbildung | 4,50 m | 6 |
| *Nothofagus pumilio* | Südbuche | glänzendes gekerbtes Laub, bizarrer Wuchs, zur Gerüstbildung für absonnigen Gehölzrand | 4 m | 6 |

## SÜDAMERIKANISCHE ARTEN FÜR STEPPE UND PAMPA IN VOLLER SONNE

| Botanischer Name | Deutscher Name | Besondere Merkmale, Verwendung | Wuchshöhe | WHZ |
|---|---|---|---|---|
| *Acaena sericea* | Stachelnüsschen | silbrige Polster, durchlässige Böden mit Grundfeuchte in voller Sonne | 20–30 cm | 6 |
| *Cortaderia araucana* | Pampasgras | patagonisches Pampasgras mit dunkelgrünem Laub, frühblühend, meist Anfang Juli, Pionierpflanze | 2,20 m | 6b |
| *Cortaderia selloana* | Pampasgras | einige Auslesen ertragen -18 bis -20 °C, empfehlenswert ist die Sorte 'Andes Silver' (WHZ 6) | 1–3,50 m | 7 |
| *Eryngium agavifolium* | Mannstreu | Rosette mit gezähntem zungenförmigem Laub, lange Blütenschäfte mit walzenförmigen Dolden, Strukturpflanze | 1,20 m | 6 |
| *Nasella tenuissima* | Mexikanisches Federgras | populäres filigranes Federgras mit Pioniercharakter, sandige Böden | 40 cm | 6 |
| *Oenothera odorata* 'Sulphurea' | Nachtkerze | große hellgelbe Blüten, blüht im 1. Jahr, Pionierpflanze | 60 cm | 5 |
| *Sisyrinchium laetum* | Grasschwertel | Binsenlilie mit großen gelben Blüten und dekorativer sternartiger Zeichnung, robuste Steppenpflanze | 25 cm | 6 |
| *Verbena bonariensis* | Argentinisches Eisenkraut | in kalten Regionen einjährig verwenden, Selbstversamung | 1,50 m | 8 |

**In kälteren Regionen können europäische *Stipa*-Arten die südamerikanischen Federgras-Arten aufgrund ihrer Ähnlichkeit ersetzen.**

# WEITERFÜHRENDE LITERATUR


Aeschimann, David et al.: Flora Alpina. Haupt Verlag, 2004.

Bone, Michael et al.: Steppes – The Plants and Ecology of the World's Semi-Arid Regions. Denver Botanic Gardens. Timber Press, 2015.

Biebelriether, Hans: Nationalpark Bayrischer Wald. Süddeutscher Verlag, 1983.

Branney, Tim M. E.: Hardy Gingers. Timber Press, 2005.

Broughton, D. A. & McAdams, James: The Vascular Flora of the Falkland Islands: An Annotated Checklist and Atlas. Falkland Conservation, 2002.

Dengler, Jürgen et al.: Bericht zur großen bioökologischen Exkursion nach Davos. Institut für Ökologie und Umweltchemie der Universität Lüneburg, 2001.

Domínguez-Díaz, Erwin: Flora Nativa Torres del Paine. Ocho Libros Editores, 2016.

Ellenberg, Heinz: Vegetation Mitteleuropas mit den Alpen: in ökologischer, dynamischer und historischer Sicht, Verlag Eugen Ulmer, 1996.

Evans, Alfred: The Peat Garden and its Plants. J. M. Dent & Sons, 1974.

Frei, C. & Schmidli, J.: Das Niederschlagsklima der Alpen: Wo sich Extreme nahe kommen. promet, Jahrgang 32, Nr. 1/2, 61–67.

Gardner, Christopher & Gardner, Başak: Flora of the Silk Road. I. B. Tauris, 2015.

Gerritsen, Henk: Gartenmanifest. Verlag Eugen Ulmer, 2014.

Hansen, Richard & Stahl, Friedrich: Die Stauden und ihre Lebensbereiche. Verlag Eugen Ulmer, 1990.

Hinkley, Daniel J.: The Explorer's Garden – Rare and Unusual Perennials. Timber Press, 2009.

Hitchmough, James: Sowing Beauty – Designing Flowering Meadows from Seed. Timber Press, 2017.

Janke, Peter & Becker, Jürgen: Meine Vision wird Garten. Ganzjährig attraktiv – mit nachhaltigen Pflanzkonzepten für jeden Standort. Becker Jost Volk Verlag, 2012.

Jermyn, Jim: The Himalayan Garden – Growing Plants from the Roof of the World. Timber Press, 2001.

Klotz, Gerhard et al.: Hochgebirge der Erde. Urania Verlag Leipzig, 1989.

Korn, Peter: Peter Korn's Garden – Giving Plants What They Want. Peter Korn, 2013.

Kühn, Norbert: Neue Staudenverwendung. Verlag Eugen Ulmer, 2011.

Lancaster, Roy: Plantsman's Paradise – Travels in China, 2nd edn. Garden Art Press / ACC Art Books, 2008.

Liddle, Ali & Woods, Robin: Plants of the Falkland Islands. Falklands Conservation, 2007.

Little, Hilary: Patagonian Mountain Flower Holidays. Alpine Garden Society, 2014.

Maier, Erich: Das Moor im eigenen Garten – Moorgärten anlegen, gestalten und pflegen. Parey Buchverlag Berlin, 2000.

Mayer, Hannes: Wälder des Ostalpenraumes. Standort, Aufbau und waldbauliche Bedeutung der wichtigsten Waldgesellschaften in den Ostalpen samt Vorland. Gustav Fischer Verlag, 1974.

Matschiess, Thorsten & Becker, Jürgen: Avantgardening – Plädoyer für gegenwärtiges Gärtnern. Verlag Eugen Ulmer, 2017.

Matschke, Jürgen: Gentiana – Enziane und verwandte Gattungen. Schriftenreihe der Gesellschaft der Staudenfreunde e. V., 2008.

Mertz, Peter: Pflanzenwelt Mitteleuropas und der Alpen. Nickol Verlagsgesellschaft, 2002.

Meusel, Walter & Hemmerling, Joachim: Pflanzen zwischen Schnee und Stein. Verlag Harri Deutsch, 1980.

Moreira-Muñoz, Andrés: Plant Geography of Chile. Springer, 2011.

Nürnberger, Sven & Steinecke, Hilke & Cole, Theodor C. H.: Palmengarten Frankfurt am Main. Verlag Eugen Ulmer, 2019.

Oudolf, Piet & Kingsbury, Noel: Neues Gartendesign mit Stauden und Gräsern. Verlag Eugen Ulmer, 2014.

Pooley, Elsa: Mountain Flowers – A Field Guide to the Flora of the Drakensberg and Lesotho. The Flora Publications Trust, 2003.

Reif, Jonas & Kreß, Christian & Becker, Jürgen: Black Box Gardening. Verlag Eugen Ulmer, 2014.

Reif, Jonas: City Trop. Verlag Eugen Ulmer, 2017.

Reisigl, Herbert: Blumenwelt der Alpen. Pinguin Verlag, 1979.

Riedemann, Paulina et al.: Flora Nativa de Valor Ornamental de Chile – Zona Cordillera de los Andes. 2 Vols. Editorial Andrés Bello, 2008.

Robinson, William: The Wild Garden. Expanded edition with chapters by Rick Darke. Timber Press, 2009.

Ross, Thomas & Irons, Jeffrey: Australian Plants – A Guide to their Cultivation in Europe. Ross & Irons, 1997.

Schmidt, Cassian & Perdereau, Philippe: Schau- und Sichtungsgarten Hermannshof. Verlag Eugen Ulmer. 2018.

Schönfelder, Peter & Schönfelder, Ingrid: Kosmos Atlas Mittelmeer- und Kanarenflora. Kosmos, 2011.

Sheader, Martin et al.: Flowers of the Patagonian Mountains. Alpine Garden Society, 2013.

Wardle, Peter: Vegetation of New Zealand. Blackburn Press, 1991.

Whitehouse, Christopher: Kniphofia – The Complete Guide. Royal Horticultural Society, 2016.

Zeng Yu, Li & Lei, Shi: Plants of Mount Emei. Beijing Science & Technology Press, 2007.

# BEZUGSQUELLEN

## DEUTSCHLAND

Staudengärtnerei Eidmann
64823 Groß-Umstadt-Semd
www.staudengaertnerei-eidmann.de

Flora Montana Gebirgspflanzengärtnerei
Inh. Carmen Schmidt
91555 Feuchtwangen
www.floramontana.de

Staudengärtnerei Gaißmayer
89257 Illertissen
www.gaissmayer.de

Die Staudengärtnerei
Till Hofmann und Fine Molz GbR
97348 Rödelsee
www.die-staudengaertnerei.de

HORTVS
Peter Janke Gartenkonzepte
40724 Hilden
www.peter-janke-gartenkonzepte.de

Gärtnerei Hügin
Ewald Hügin
79108 Freiburg
www.ewaldhuegin.com

Stade-Stauden
46325 Borken-Marbeck
www.stauden-stade.de

Staudengärtnerei Susanne Peters – Allerlei Seltenes
25436 Uetersen
www.shop.alpine-peters.de

**Samenversand**
Jelitto Staudensamen GmbH
29690 Schwarmstedt
www.jelitto.com

Rieger-Hofmann GmbH
www.rieger-hofmann.de

## NIEDERLANDE

Coen Jansen Vaste Planten
7722 RD Dalfsen, Niederlande
www.coenjansenvasteplanten.nl

Kwekerij 'De Hessenhof'
Miranda und Hans Kramer
6718 TC Ede, Niederlande
www.hessenhof.nl

## ÖSTERREICH UND SCHWEIZ

Sarastro-Stauden
Christian H. Kreß
A-4974 Ort im Innkreis, Österreich
www.sarastro-stauden.com

Gartenwerke GmbH
Stephan Aeschlimann Yelin und Ursula Yelin
CH-4952 Eriswil, Schweiz
www.gartenwerke.ch

## GROSSBRITANNIEN

Aberconwy Nursery (kein Versand)
Colwyn Bay LL28 5TL, Großbritannien
www.aberconwynursery.co.uk

Binny Plants
Binny Estate
Uphall, Scotland EH52 6NL, Großbritannien
www.binnyplants.com

Crûg Farm Plants
Griffith's Crossing
LL55 1TU Wales, Großbritannien
www.crug-farm.co.uk

## NORD- UND SÜDAMERIKA

Plant Delights Nursery, Inc.
Raleigh, NC 27603, USA
www.plantdelights.com

Chileflora
Talca, Chile
www.chileflora.com

# INFORMATIONEN IM INTERNET

## BILDGALERIEN SÜDHEMISPHÄRE, ANDEN, SPITZBERGEN:

www.jardinalpindulautaret.fr/botanique/flore-montagnes-monde

## FALKLANDINSELN:

www.falklandsconservation.com

## NEUSEELAND:

www.nzpcn.org.nz

## CHILE:

www.fundacionphilippi.cl
www.chileflora.com
www.chilebosque.cl

## ONLINE FLORA CHINA, NORD-AMERIKA, CHILE:

www.efloras.org

## ONLINE FLORA TASMANIEN UND NEUSEELAND:

www.utas.edu.au/dicotkey/dicotkey/key.htm
www.nzflora.info

## SCHWEIZER ALPEN:

www.infoflora.ch/de

**Bild nachfolgende Seite:**
**Einblick in die Verknüpfung verschiedener Feuchtbiotope im nördlichen Steingarten-Areal im Palmengarten Frankfurt. Das Hochmoor (rechts) und die Uferzone des Bachlaufs (links und oben) sind nur optisch miteinander verbunden.**

# AUTOR

Sven Nürnberger ist Gärtnermeister im Zierpflanzenbau und spezialisierte sich schon früh auf die Kultur und Verwendung von Stauden. Sein Arbeitsfeld am Frankfurter Palmengarten umfasst die planerische Entwicklung und Betreuung von botanischen Themengärten und Schauanlagen. Die Beobachtung von Vegetationsbildern am Naturstandort und die anschließende gärtnerische Interpretation gehören zu seinen großen Leidenschaften. Als internationaler Fachreferent hält er Vorträge zu Stauden und Gestaltung und ist bekannt als Autor der Zeitschrift Gartenpraxis, in der er regelmäßig über seine Arbeit berichtet.

# DANK

Meiner Frau Stella danke ich innig für den Kraftakt der vergangenen Monate und den mir ermöglichten Freiraum zur Verwirklichung dieses Buches. Meinen Töchtern Noée Yola und Solenny Svenja danke ich für die immense Geduld und das Einfordern von Papa, wenn er sich in den Pflanzen zu sehr verlor. Meinen Eltern danke ich, dass sie mir Raum zur Entfaltung gaben.

Großer Dank gilt Erika Siebert-Cole und Theodor C. H. Cole, die seit vielen Jahren meine Arbeit fachlich fundiert, inspirierend und in großer Freundschaft begleiten und unterstützen. Sie trugen u. a. durch das Vorlektorat nachhaltig zum Gelingen des Buchprojektes bei.

Herzlichen Dank an Klaus Oetjen, Stefan Rau und Dr. Martin Nickol für wertvolle Diskussionen, Anregungen und Inspirationen. Ebenso herzlich danke ich Dr. Katja Heubach, Dr. Matthias Jenny, Dr. Clemens Bayer, Martina Jacobi, Dr. Marco Schmidt, Dr. Hilke Steinecke, Jörg Plaßmann, Manfred Wessel, Andreas König, Rita Mohr, Felix Zielke, Nastasja Sack, Christian Müller, Mario Kadlubowski, Tim Steinig und allen weiteren Kolleginnen und Kollegen des Palmengartens und des Botanischen Gartens Frankfurt; dem Botanischen Garten der Universität Würzburg, insbesondere Prof. Dr. Markus Riederer, Dr. Gerd Vogg, Gerhard Kleespies, Udo Jäger; Lorna Mc Hardy und der Großfamilie Mc Hardy, Andreas Wiedmaier, Karl Rössle, Hans-Roland Müller, Thomas Eidmann, Prof. Cassian Schmidt, Till Hofmann, Cristobál Elgueta Marinovic, Macarena Calvo, Prof. Dr. Wolfram Kircher, Marcela Ferreira, Mike Kintgen, Prof. Dr. Georg Zizka, Dr. Christian Printzen, PD Dr. Stefan Schneckenburger, Anke Schmitz, Peter Janke, Michael Frinke, Tina und Maya Heise, Achim Pochert, Christine Räber und Familie, Elisabeth Walker-Schüpfer, Benno Schüpfer, Stefan Aeschlimann Yelin.

Großen Dank an die Redaktion der Gartenpraxis unter der Leitung von Karlheinz Rücker, Jonas Reif und Folko Kullmann; den Lektorinnen Antje Krause und Doris Kowalzik für den kreativen Austausch und den innovativen Prozess der Buchentwicklung. Herzlichen Dank an Volker Hühn und Matthias Ulmer sowie dem gesamten Verlag Eugen Ulmer.

Für die Bereitstellung von Bildmaterial danke ich herzlichst Klaus Oetjen, Prof. Cassian Schmidt, Lorna Mc Hardy und Andreas Wiedmaier.

Dieses Buch entstand in besonderem Maße durch die große Inspiration, Unterstützung und die ansteckende Begeisterung, die ich von meiner Mentorin Ursula Mc Hardy † erfuhr.

# REGISTER

## A



## B



## C



## D



## E

## T



## V



## W



## Z

## IN DIESEM BUCH BESCHRIEBENE GÄRTEN

Botanischer Garten Frankfurt am Main
Siesmayerstraße 72
60323 Frankfurt am Main
www.botanischergarten-frankfurt.de

Palmengarten Frankfurt am Main
Siesmayerstraße 61
60323 Frankfurt am Main
www.palmengarten.de

Botanischer Garten der Universität Würzburg
Julius-von-Sachs-Platz 4
97082 Würzburg
www.bgw.uni-wuerzburg.de

Ursula und Lorna Mc Hardy: Der Garten nahe Edinburgh ist seit 2019 nicht mehr öffentlich zugänglich.

Steingarten von Karl Rössle, nahe München
Kontakt unter 08142-44 60 93 oder 01609-82 64 49 1

Schatzalp
CH-7270 Davos Platz, Schweiz
www.schatzalp.ch/de/botanischer-garten-alpinum
www.alpinum.ch

Dschungelgarten Andreas Wiedmaier
info@wiedmaier-garten.de
www.wiedmaier-garten.de

Ein Verzeichnis von Alpin-Arktischen Botanischen Gärten finden Sie hier:
www.uibk.ac.at/botany/alpine-garden/arktische-bg

## BILDQUELLEN

Sämtliche Fotos, auch das Titelbild, stammen vom Autor. Mit Ausnahme der folgenden:
Lorna Mc Hardy: Seite 147 li., 156, 160
Holger Menzel: Autorenporträt Seite 211
Klaus Oetjen: Seite 6, 21, 47, 98/99, 101, 102, 103, 104, 105 o., 105 u., 141, 142 o., 142 u., 143
Cassian Schmidt: Seite 77 o., 77 u.
Andreas Wiedmaier: Seite 73

## IMPRESSUM

Die in diesem Buch enthaltenen Empfehlungen und Angaben sind vom Autor mit größter Sorgfalt zusammengestellt und geprüft worden. Eine Garantie für die Richtigkeit der Angaben kann aber nicht gegeben werden. Autor und Verlag übernehmen keine Haftung für Schäden und Unfälle. Bitte setzen Sie bei der Anwendung der in diesem Buch enthaltenen Empfehlungen Ihr persönliches Urteilsvermögen ein.
Der Verlag Eugen Ulmer ist nicht verantwortlich für die Inhalte der im Buch genannten Websites.

**Bibliografische Information der Deutschen Nationalbibliothek**
Die Deutsche Nationalbibliothek verzeichnet diese Publikation in der Deutschen Nationalbibliografie; detaillierte bibliografische Daten sind im Internet über http://dnb.d-nb.de abrufbar.


Wollgrasweg 41, 70599 Stuttgart (Hohenheim)
E-Mail: info@ulmer.de
Internet: www.ulmer.de
Lektorat: Antje Krause, Doris Kowalzik
Herstellung: Gabriele Wieczorek
Umschlaggestaltung und Satz: Katja von Ruville, Frankfurt a. M.
Repro: timeRay Visualisierungen, Jettingen
Druck und Bindung: Firmengruppe APPL, aprinta druck, Wemding
Printed in Germany

**ISBN 978-3-8186-0716-6**